谨以此书献给——

光荣的地质队员和

牺牲在山野的无名队友！

上善若水。

——老子

智者乐水。

——孔子

海纳百川，有容乃大。

——林则徐

刘兴诗

——著——

長江出版傳媒 | 长江文艺出版社

图书在版编目（CIP）数据

水的奥秘 ：全二册 / 刘兴诗著. -- 武汉 ：长江文艺出版社，2023.10
（刘兴诗爷爷讲地球）
ISBN 978-7-5702-3137-9

Ⅰ. ①水… Ⅱ. ①刘… Ⅲ. ①水－少儿读物 Ⅳ. ①P33-49

中国国家版本馆 CIP 数据核字(2023)第 091022 号

水的奥秘 ：全二册
SHUI DE AOMI : QUAN ER CE

责任编辑：叶　露　　责任校对：毛季慧
设计制作：格林图书　　责任印制：邱　莉　胡丽平

出版：长江出版传媒 | 长江文艺出版社
地址：武汉市雄楚大街 268 号　　邮编：430070
发行：长江文艺出版社
http://www.cjlap.com
印刷：湖北新华印务有限公司

开本：720 毫米×1000 毫米　1/16　印张：15.25
版次：2023 年 10 月第 1 版　2023 年 10 月第 1 次印刷
字数：171 千字

定价：56.00 元（全二册）

目录

开场白

一、真正的“水星” /001

二、天地水循环 /009

上篇　海洋

第一章　海和洋的辈分 /014

第二章　海水可以斗量 /021

第三章　五颜六色的大海 /025

第四章　咸海水 /030

第五章　“爆炸”的深水鱼 /035

第六章　哗啦哗啦响的波浪 /039

第七章　力大无比的“水拳头” /043

第八章　话说潮汐 /047

第九章　海上的“长河” /053

第十章　“泰坦尼克号”的杀手 /058

第十一章　可怕的海啸 /063

第十二章　神秘的海底地形 /067

第十三章　岛屿的出生卡 /073

第十四章　海进和海退 /081

第十五章　海拔、海拔 /086

一、真正的“水星”

彗星撞击地球

地球，地球，七分水，三分陆，简直像一个水球。

地球，地球，不是“地中海”，而是“海中地”。

水星没有水，算什么水星？整个太阳系里，地球才是独一无二的“水星”。它应该得到这样的称号。

水星，谁不知道，它是太阳系八大行星之一，是咱们地球的小妹妹。

水星其实名不副实，它压根儿就没有一滴水。

这话怎么讲？说话要有根据，可不能随便说啊！

地球和水星，谁是真正的“水星”，这得从它们与太阳的距离来判定。

想一想，它们谁离太阳近？

沙漠中的骆驼商队

地球已经离太阳那么远了，但是咱们在夏天还是被太阳晒得受不了。洗的床单、衣服，一会儿就被晒干了。撒哈拉大沙漠、塔克拉玛干大沙漠等，这些有名的“蒸笼”更不用说，几乎能热死人。

你见过太阳暴晒下，从地上、水面上蒸腾起来的水蒸气吗？丝丝袅袅升上天空，一会儿湿的地面就被晒干。就算是池塘、湖泊，也经不住这样的暴晒。许多古代有名的内陆湖泊，就是这样一个个被晒干的。即使有的还有一些水，也蒸发成了盐湖，最终难逃消失的命运。

水星距离太阳这个超级大烤箱那么近，就算真的有水，也早就被太阳烘烤干了，哪能和与太阳离得远远的地球相比？

可是，水星没有水，怎么还叫这个名字呢？

这是人们的想象。因为它紧紧靠在太阳妈妈的身边，只有清晨才出现，是最美丽的晨星。它亮晶晶的，好像是挂在太阳妈妈脸庞上的一滴露珠儿。在诗人的笔下，它似乎就是水滴的象征，所以就被称作水星了。

是啊，水星名不副实。它其实只是一个干石头蛋儿，不断被火热的太阳炙烤着。咱们的地球，才是真正的“水星”。

不信，问宇航员吧。

从宇宙飞船上看地球，只见眼前的地球，就是一颗美丽的蓝色行星。那蓝色是什么呢？

宇航员说：“蓝色就是无边无垠的海洋呀！”

不信，看地球仪吧。

辽阔的海洋，包围着中间一片片大陆。南极大陆像是一个“岛”，澳大利亚和非洲也是特殊的“岛”。南北美洲大陆，以及面积最大的亚欧大陆，周围也被海洋团团包裹住，似乎也像是两个特大“岛屿”。

地球的结构不是“地中海”，而是“海中地”，其海洋面积远远超过陆地面积。

细细算一笔账。在地球表面，陆地只占约29.2%的面积，海洋却占了约70.8%。三分地，七分水，海洋占了地球面积的三分之二还多呢！如果地球是一个光溜溜的大圆球，海水会淹没所有的地方，而且平均水深2700米。如果真是这样，从外面看，地球就完完全全是个“水星”了。

中国人最聪明。我们的老祖宗早就发现了这个现象。《史记·孟子荀卿列传》中记载：“以为儒者所谓中国者，于天下乃八十一分居其一分耳……中国外如赤县神州者九，乃所谓九州也。于是有稗海环之。人民禽兽莫能相通者，如一区中者，乃为一州。如此者九，乃有大瀛海环其外，天地之际焉。”

这段话写得非常清楚。世界上所有的陆地外面都围绕着海洋，海洋比陆地大得多。

这么多的海水，如果放在月球上，月球立刻就会变成一个“水球”。

地球上的水不仅在海里，陆地上也不少。水和陆不是截然分开的，所有的陆地似乎都浸泡在水里。

一条条大河小河，一汪汪湖泊沼泽，一眼眼宁静的清泉，一道道喧嚣的瀑布，加上南北极和高山上银亮的冰川、积雪，以及空中的云雾、深藏脚底的神秘地下水，到处都蕴藏着水，这岂不就是一个活生生的水世界吗？

水星怎么能和咱们的地球相比呢？

咱们的地球，才是当之无愧的“水星”。有了得天独厚的水环境才能孕育出生命，所以地球才能成为宇宙中难得有生命的星球。

说到这里，也许有人会问：地球上的水到底是怎么来的？难道地球天生就是一颗“水星”吗？

不是的。其实地球在刚诞生的时候，也和其他行星兄弟一样，几乎没有一滴水。地球上的河流、海洋等，是后来逐渐生成的。看一看月球，就明白地球最初是什么样子的了。

天文学家说，地球上的水是从宇宙太空来的。

咦，这是怎么回事？难道在天地之间还有一场场特殊的“宇宙雨”吗？这是观音菩萨用杨柳枝抛洒的神水，还是天上银河泛滥流泻到地球上的“天水”呢？

都不是。天文学家又说，这是彗星带来的。

古时候，迷信的人们常常把掠过夜空、拖着一根亮闪闪长尾巴的彗星叫作不吉利的“扫帚星”。其实，它是地球的“大恩人”。

彗星接近太阳时，由彗核、彗发和彗尾组成。彗核由比较密集的固体块和质点组成，其周围的云雾状光辉称“彗发”，彗核和彗发总称“彗头”。

彗星进入地球大气圈后，由于摩擦生热，会转化为水蒸气。它们一脑袋撞到地面，就像洒水车一样，把许多水洒落在大地上。

有人根据人造卫星发回的照片统计，大约每分钟有 20 颗平均直径为 10 米的小彗星进入地球大气圈，带来 1000 立方米的水。就这样日复一日累积起来，数量非常可观，从而成为地球表面水的主要来源。这就是“宇宙牌”的“天水”。

地质学家说，还有的水是由火山喷发而来的，是“地球牌”的“地水”。

火山也能产生水吗?

这有什么不可以的?人们只知道水火不相容，以及什么“水克火”等老掉牙的理论，却不知水火相克也相生。火山喷发的时候，不仅喷出滚烫的岩浆、熊熊燃烧的火焰，也喷出许多水蒸气。在那非常遥远、地球刚刚诞生的洪荒时代，整个地球好像是刚出炉的火炭团，到处有火山喷发。伴随着猛烈的火山活动，有许多水蒸气从地球里面冲出来，在空中遇到冷空气便凝结成云雨了。尽管一次火山活动产生的水蒸气不多，可是在漫长的岁月里就相当可观了。它们稀里哗啦落到地面上，逐渐积成水潭、河流、湖泊，最终汇合在一起，就成了辽阔无边的大海。

地质学家说，石头里也含水。岩石矿物里原本就含有结晶水，并会沿着一些岩矿和岩层断裂的缝隙涓涓滴滴地分化出来，再加上岩层里的地下水，那就更加丰富了。

原来咱们的地球还有这样的“水的故事”，不是真正的“水星”，还会是什么呢?

这就完了吗？还没有啊。

太远的宇宙繁星不说，我们就拿太阳系里别的行星和卫星与地球相比。没准儿会有人好奇地问，是不是冥冥中真有救苦救难的观音菩萨偏心眼儿只照顾咱们的地球，才生成了这么多的水，却不管别的星球死活，一滴水也不分给它们?

不，这话可不对。

天文学家说，其实有的星球从前也有水，失去珍贵的地表水是后来的事情。

他们又说，从一张张太空探测器发回来的照片分析，咱们近邻的火星上就有干涸后的河流、湖泊的痕迹。火星曾经也是一颗难得的“水星”，只是后来才蒸发变干的。人类的太阳系探险才刚刚起步，如果再接着探测下去，很可能还会发现更多昔日的“水星”——它们一个个都在强烈蒸发下，失去了最珍贵的水分。只剩下幸运的地球还保存着看似多得难以估量的海水、河水、湖水，以及其他角落里的各种各样的水。可是从浩瀚无边的宇宙尺度来审察，这么一点点水不算什么。这只不过像是雨后地面的一些小水坑积蓄的一点“水皮皮”而已，保不住也会很快干涸的。

宇宙间的蒸发多么强烈啊！地球上的水，全靠大气层这件外衣保护着才没有一下子蒸发掉，从而滋养了包括人类在内的生命。

要知道，稀薄的大气层非常脆弱，可得好好保护它，千万别干愚蠢的事情。如果破坏了大气层，水分统统蒸发，到了“海枯石烂”的那天，地球就会变成光秃秃的石蛋。地球失去了“水星”的荣誉，那世间万物和人类自己也就毁灭了。

这可不是闹着玩的。我们每一个人都要百倍警惕啊！

作业本

关于“水星”的问题

为什么说地球是太阳系唯一的“水星”？

我们应该怎么爱护这个“水星”？

二、天地水循环

地球上的水在哪儿?

在汪洋大海里吗? 在河里、湖里、沼泽里和星罗棋布的池塘、水田里。不仅大海里，陆地上有许许多多看得见、摸得着的水，高高的天空、幽暗的地底也有水的身影呢。

雪白的浮云，不是水吗?

弥漫在山腰和林间的雾，不是水吗?

草叶上亮晶晶的露珠，不是水吗?

哗啦啦的瀑布，叮叮咚咚的山泉，摇着轱辘把提起来的井水，以及高山上的积雪，南北极地区大片大片银光闪亮的冰盖，难道不是水吗?

你应该知道，坚硬的岩石里，深厚的土壤中，多多少少也含有一些水分啊！

水啊水，在咱们这个古老的星球上，几乎到处都有水。这说的是自然界里的水。其实包括人类在内，所有的动植物身体里面，也含有许多水分。水，本来就是生命体构成的重要元素。

各种各样的水，有的是液体，有的是固体，有的是气体，以不同的物质形态存在着，却又不是固定不变的，各种形态之间能够相互变化。你可以变成我，我也可以变成你。

你不明白吗？去问古人吧。其实古人早就讲得清清楚楚了。

听白居易的解释吧。

他说："天平山上白云泉，云自无心水自闲。何必奔冲山下去，更添波浪向人间。"

在他的诗里，天上的云、地上的水，远远相隔在天地间，似乎没有一丁点儿关系。可是眼前一股泉水却奔腾而下，一直流进了山下人间的江河。想一想，这岂不就是地下水和地表水的转变吗？这几句诗中有静有动，把水的不同形态的存在和相互转化说得清清楚楚。

请李白回答吧。

他高高举着酒杯，豪情万丈地吟唱道："君不见，黄河之水天上来，奔流到海不复回。"

王之涣也说："白日依山尽，黄河入海流。"

这岂不都是江河流进大海的真实描述吗？

张旭说："纵使晴明无雨色，入云深处亦沾衣。"这两句诗说的就是云、雾、雨都含有许多水。

飘浮在低空的雾，当然也包含着水。

秦观描述说："雾失楼台，月迷津渡。"好一幅雾中的水墨风景画，自古以来不知迷醉了多少人。

中国的诗句最讲究推敲。想一想，诗句中的"失"和"迷"两个字。眼前的景物是怎么迷失的？就是因为悬浮在空中的雾啊！有雾才会使风景变得迷迷蒙蒙的。

云雾是天空中的水，它和地上的水可以相互转化。云雾变成雨

水，淅淅沥沥地落下来。就像王维说的“空山新雨后，天气晚来秋。明月松间照，清泉石上流”。这样一场雨就能变成地上的水流了。

地表水也可以转变为云雾。

你看，孟浩然笔下描写的洞庭湖，“气蒸云梦泽，波撼岳阳城”。注意其中一个“蒸”字，说的就是湖水蒸发啊！

李白写下著名的《望庐山瀑布》：“日照香炉生紫烟，遥看瀑布挂前川。飞流直下三千尺，疑是银河落九天。”诗句中不仅有银河一样的瀑布飞流，更值得注意的还有太阳照射着的山峰，即“生紫烟”的景象。那袅袅上升的雾气，也就是水气蒸腾的真实写照。

王维又说:“山中一夜雨,树杪百重泉。”也都表露了这个意思。

朱熹说:“山高泽气通,石窦飞灵液。默料谷中云,多应从此出。”不仅说明了泉水的来历,还解释了山谷中的云气和地下水相互演变的关系。好一个“泽气”之“通”,一个字就使人一通百通了。

隋朝王通说:“所谓流之斯为川焉,塞之斯为渊焉。升则云,施则雨,潜则润,何往不利也。”

古人已经清清楚楚告诉了我们这个非常重要的事实。我们的老祖宗,早就认识了这种现象,懂得天地间水分转换的道理。

可以这么说,地球上的水有由地下水变成地表水,又渗漏下去成为地下水的水分小循环;也有河流流进大海,蒸发上升成为云雾,再落下来变成各种各样地表水的水分大循环。

咱们这个“水星”上的水不仅多,而且还能相互转化,真是奥妙无穷啊!

空中的云雨,地下的井泉,江河湖海,银色冰川,上上下下一线牵,好一个奇妙的水循环,演绎着水的神话,叫人不由得深深赞叹。

作业本

水分的循环

地球上的水分小循环、大循环都是怎么一回事?

上篇

海洋

大海啊，无边无垠的大海，多么辽阔！多么神秘！

我想了解，我想知道。

大海啊，富足的大海，多么丰富！多么精彩！有多少石油、多少盐，多少奇异的海兽，多少千奇百怪的鱼！

我想获取，我想得到。

我想做大海的主人，唤醒千万年沉睡的海洋。

第一章

海和洋的辈分

辽阔无垠的海洋，向来都是人们歌颂的对象。

曹操在碣石山上，迎着秋风观看大海，动情地吟咏道：

“东临碣石，以观沧海。水何澹澹，山岛竦峙……”

普希金写道：

“再见吧！自由的元素。最后一次了，在我眼前你的蓝色的浪头翻滚起伏，你的骄傲的美闪烁壮观……”

在人们的心目中，大海始终是辽阔的代名词。简简单单一个“大”字，就表明了人们对它无限敬畏的心情。

啊，大海！

啊，海洋！

请问，“海”和“洋”是不是一回事？

有人回答，当然是一回事啊！大海茫茫，大洋也茫茫。不管在海边，还是在大海中央，不管太平洋、大西洋，还是渤海、黄海、加勒比海、地中海，放眼一看，全都是一派浩渺，感觉完全一个样。

是啊！在一般人的观念里，“海”和“洋”就是一回事。

“不。”海洋学家摇头说，“‘海’是‘海’，‘洋’是‘洋’，怎么能够混淆呢？”渤海、黄海、加勒比海、地中海，不能叫渤洋、黄洋、加勒比洋、地中洋、太平洋、大西洋、印度洋、北冰洋，也不能叫太平海、大西海、印度海、北冰海。

这是为什么呢？辈分管着呢！

一家里的爷爷、儿子、孙子，神态几乎一个样。几人一起出门，别人忍不住会说：“呵呵，大爷，您的孙子长得真像您啊！”这话说的是遗传因素，有一定的道理，但也不能乱了套。

“海”和“洋”虽然看起来差不多，却有“辈分”的差别。“洋”比“海”大得多，二者压根儿就不是一回事。好像人们嘴里的“大爷、大伯、大哥、大兄弟……”这些称呼一样，绝对不能乱了套。

话说到这里，没准儿有人会好奇地问：“‘洋’是爷爷，‘海’是儿子。在‘海’的辈分下面，还有孙子吗？”

有啊！在一些海边，还有更小的海湾、海峡什么的，就是海的儿子、大洋爷爷的孙子了。

这样说，接着又会冒出另一个问题：“洋”和“海”的等级怎么划分呢？难道也是大洋生下一个海，一个海又生下一个个海湾和海峡宝宝吗？

当然不是的。“洋”和“海”的差别，怎么能用遗传学解释呢？

海洋学家说：“这不仅要看它们之间的主次关系，还要看它们和大陆的接合关系。”

要知道，地球上的海陆分布，最主要是大陆和大海。所以海陆之间的第一级水域是大洋。大洋总是包围着大陆。海却大多依附在大陆边缘，或者夹在大洋和大陆中间，自然就低一个等级了。

大洋进一步划分，可以划出次一级的“海”。如果把“海”

再进一步划分，可划分出海湾、海峡等其他部分。

或许有人会问，地中海在欧、亚、非三大洲之间，红海在亚洲和非洲中间，这也是大陆和海洋的直接组合，它们为什么不叫“洋”，而叫“海”呢？

海洋学家说：“这是因为它们的面积太小了，还够不上‘洋’的标准，就只能委屈一下，叫作‘海’了。”

是啊！“洋”总得要气派一点嘛。就像城市里一些十几层、几十层的楼房可以叫大厦，总不能把两三层高的房子也叫大厦吧？如果什么房子都可以叫作大厦，岂不是会让人感觉有些奇怪？

凡事都不能太绝对了，总还是会有些例外的。

珠江口外就有一个著名的零丁洋。南宋末年，文天祥被元军俘虏，押送过零丁洋时，写下了一首流传千古的诗篇：

辛苦遭逢起一经，干戈寥落四周星。
山河破碎风飘絮，身世浮沉雨打萍。
惶恐滩头说惶恐，零丁洋里叹零丁。
人生自古谁无死？留取丹心照汗青。

翻开地图看，夹藏在舟山群岛间的众多岛屿中，以及在弯弯曲曲的浙江沿海，还有大戢洋、嵊山洋、黄泽洋、岱衢洋、黄大洋、灰鳖洋、磨盘洋、大目洋、猫头洋、洞头洋等许多小小的“洋”。

这是怎么回事呢？它们难道也可以和太平洋、大西洋、印度洋、北冰洋这样的“洋老大”并列吗？

不，这是一些地方性的小地名，面积都非常小，不是严格的科学名词。当地人高兴取什么名字就取什么名字，谁也管不着。

夕阳下的零丁洋

就像北京城里还有几个小小的湖泊，叫作北海、中南海、什刹海、后海……这样的“洋”和“海”，不在海洋等级划分的科学系统里。

请你牢牢记住，世界上只有正儿八经的四大洋，其他小小的“洋”，统统排不上号。

“海”的种类很多。位于陆地中间，四面都被陆地紧紧包围的是地中海。像渤海那样并没有完全被陆地包围住，还有一个缺口通向广阔的外部海洋的，称为内海；像黄海、东海、南海那样，依附在大陆边缘的，叫作边缘海；像太平洋心的珊瑚海那样，位于许多岛屿中间，由一串串岛链与大洋隔开，是特殊的岛间海，又叫海中海。

噢，想不到“海”的种类这么复杂。“海”和“洋”的关系，真是你中有我，我中有你呢。

三大洋、四大洋、七大洋

古代中国人早就认准天下有四海。有人说是四大洋。

南宋时期，人们把西太平洋和印度洋划分为东洋和西洋，南方的一大片海区叫南洋，叫作世界三大洋。所以后来就把从欧洲来的叫西洋人，日本来的叫东洋人。

之后又把北方海洋叫北洋，这就凑够了四大洋。可见古代中国人说的四大洋和今天的四大洋完全不是一回事。

太平洋、大西洋、印度洋和北冰洋，是今天大家公认的世界四大洋。

从前欧洲还有别的划分办法。比如把北大西洋叫北大洋，南大西洋叫南大洋，太平洋叫西大洋。还有人把太平洋和大西洋各分为南北两个洋，加上南极大陆周围的“南大洋”和印度洋、北冰洋，合称为世界七大洋。其中，“南大洋”没有明确的边界，不被大家承认。南、北太平洋和大西洋，还时常出现在人们的口中和书上。“北大西洋公约组织”就是一个例子。

小知识

太平洋的来历

1520 年 11 月 28 日，葡萄牙航海家麦哲伦在南美洲南端历经风险驶出一条惊涛骇浪的海峡，进入一片风平浪静的大海，安全航行数月，遂给这片海命名为“太平洋”。其实太平洋里风浪很多，常常比别的大洋更加凶险，“太平洋”这个名字完全不符合它的真实情况。

四海

人们常说，四海之内皆兄弟。

请问，这四个海到底是哪四个海？

古时候，“四海”的意思就是中国四周的海疆。《尚书·禹贡》讲：“四海会同。”本为泛指之词，九州之外即为四海。

在另一本古书《礼记·祭义》中，“四海”就是指东海、西海、南海、北海。其中，东海、南海很清楚。前者就是今天的黄海和东海，后者就是广阔的南海。北海和西海就复杂了，没有固定的说法。

春秋战国时期，渤海也叫北海。《孟子·梁惠王上》里有一个名句，“挟太山以超北海”。这儿说的北海，就是山东半岛北边的渤海。汉末有北海相孔融，人称“孔北海”，这里的北海指的也是山东一带。

另一个北海是指今贝加尔湖，就是苏武牧羊的地方。《汉书·苏武传》说，“乃徙武北海上无人处”。后来由于清朝统治者的无能，被誉为“西伯利亚明眸”的贝加尔湖被划归沙俄。

古时候，还有一个北海，指的是今天中亚的巴尔喀什湖。《通典》引用《经行记》说：“岭北流者，尽经胡境而入北海。”

古时候所说的西海就更多了。包括青海湖、居延海、博斯腾湖，甚至遥远的咸海、里海、阿拉伯海、红海、地中海，都叫作西海。

作业本

地图上的“海”

懂得了一点地理知识还不够，请自己动手试一试吧！

翻开世界地图认真找一找，哪些是边缘海，哪些是内海？有没有地中海和海中海？统统记下来。

第二章

海水可以斗量

常言道，海水不可斗量。

海水真的不可斗量吗？那也不见得！

海洋学家说海水可以斗量。地理学家也说海水可以斗量。

所有懂科学的孩子都说，海水可以斗量。

只有不愿动脑筋的懒汉，才说海水不可斗量。

大海宽得没有边，深得够不着底。从前用来计算家里有多少粮食的升啊斗啊，怎么能够测量大海呢！

这只不过说着玩罢了。科学家不会笨得真的一斗斗计算大海里有多少水。

不管计算什么体积，得先弄清楚容积，测量海洋也一样。

第一步，算出海洋的面积。

第二步，测量出海洋的深度。

有了面积和深度，就能轻轻松松算出体积了。

好的，我们就来动手测量吧！

从前只要有一张精确的地图，使用简单的几何学方法，就能

印尼任抹海岸

算出海洋的面积。现在有了精密的仪器，那就更是小菜一碟了。

海洋学家报告：包括各个大洋的边缘海在内，世界大洋的总面积为 3.62 亿平方千米。

有人说：大海是无底深渊。

这话不对，世界上哪有没有底的东西。花果山来的孙猴子扎一个猛子，也能钻进海底龙宫。堂堂万物之灵的人类，难道还没有测量海深的办法？

测量浅水的深度好办。日本偷袭珍珠港之前，为了查明港口的水深，就派间谍伪装成渔夫，拿着钓竿假装钓鱼。没有钓钩的钓鱼线下面挂着沉重的铅块，铅块下沉到海底就能一一测量出港内各处的水深了。

测量大海当然不能用这种办法。

从前，有一艘外国科学考察船，开到台湾东海岸的清水断崖，打算抛锚停泊，想不到把锚链放完了也没有够着底。船长吃了一惊，原来这里的水深几乎不见底。他走过五洲四海，还没有见识过这么深的悬崖海岸水域。

用绳子、锚链的老办法行不通，那怎么测量大海有多深呢？难道真要请齐天大圣孙悟空出马，再下一次龙宫去测量吗？

放心吧，有办法。

起初，人们使用一种类似绳子的测深仪。现在人们完全抛弃了绳子，可以利用回声来测量了。

知道回声吗？人站在空旷的山谷中，朝着四周大声一喊，声波就可以在周围的崖壁间来回传播，生成特殊的回声进入耳朵了。

现代的回声测深仪也是一样的。测量船发出的声波传播到海底后再反射回来，根据声波传播的往返时间，就能计算出海的深度了。

大海很深很深，却并不是没有底。今天，海洋科学家们已经画出全世界的海底地形图，测量出了各大洋的平均深度和最大深度，并在海底地形图上绘出了和地形等高线一样的密密麻麻的等深线，从这张图上看，海底地形和各处的深度一目了然。

世界上最深的马里亚纳海沟有 11034 米，就是说假如在海底放下珠穆朗玛峰，再加一座华山或泰山什么的，山顶也冒不出海面。真深啊！

这么深的海沟也能测量，就没有什么地方不能测量了。

这么宽阔的海洋，这么深的海底，到底装了多少海水呢？

海洋学家说，海水占了地球水总量的 97.2%。

原来海水真的可以斗量啊！

小卡片

世界四大洋的基本数据

大洋名称	面积（单位：万平方千米）	平均深度（单位：米）	最大深度（单位：米）
太平洋	17968	4028	11034
大西洋	9336.3	3627	9219
印度洋	7492	3897	7729
北冰洋	1310	1205	5527

第三章

五颜六色的大海

大海是什么颜色?

谁不知道大海是蓝色的? 幼儿园的小朋友描绘心目中的大海，也涂抹成蓝蓝的。

有一本古书叫《海内十洲记》，描述一座仙岛旁边的海水，“水皆苍色，仙人谓之沧海也”。这个“苍色”，就是碧蓝的颜色。蓝色是大海固有的颜色。

文学作品都把大海描绘为蓝色。不管是蔚蓝、碧蓝、深蓝，还是闪烁着亮光的宝蓝，统统都是蓝。

海水真是一片碧蓝吗?

那可不一定。

请你去问海边的渔夫吧。

渔夫说：“海水蓝不蓝，得看离岸有多远，附近有没有大河出口。”

这话什么意思? 难道海水是魔术师的道具，颜色可以随意变化吗?

不，这不是魔术，事实就是这样的。

在没有泥沙的岸边，特别是在一些岩石海岸边，那里的海水不深，所以主要反射出绿色光线，海水看起来是绿莹莹的，好像是美丽的绿宝石。

如果海水里有许多绿藻，也会形成绿色的海水。

住在海边的人说，距离也会造成海水颜色的不同。随着海水由浅到深的变化，海水颜色也会跟着变化。

有的海，海边水的颜色是绿色的，往里水的颜色慢慢就变成了淡青色，再往里海水越来越深，其颜色就逐渐转变成蓝色或深蓝色。这种颜色变化的现象，在没有河流注入的岩石海岸边表现得最为明显。

一些大河入海时，常常带来大量泥沙，这样就会把海水染黄。这在黄河和长江的入海口表现得很明显。黄海的名字就是这样来的。

根据海水的颜色和离岸的远近判断深度，是海上生活的基本常识。

请你去问潜水员吧。

潜水员说："从海面慢慢往下潜，光线越来越暗。刚下水的时候抬头往上看，还能瞧见透过水波映现的'绿太阳'或'蓝太阳'。后来光线越来越弱，好像进入了永远沉睡的'夜女神'的王国。到了最深的海底就变成漆黑一团，伸手不见五指了。"

潜水员说得不错。绿色光线在水深 100 米的地方逐渐减少，海水就会变成深蓝色。蓝色光线在水深 500 米处也会被吸收掉。到了水深 1700 米以下，什么光线也没有了，那里变成了黑沉沉的一片。

请你去问到过五洲四海的老水手吧。

蓝色海水中的彩色——软珊瑚

信不信由你，在他们的描述中还有五颜六色的大海呢。

除了蓝海和黄海，有名的红海是红色的。原来这里有许多红色的海藻漂浮在海面上，使海水发红；再加上两岸的沙漠吹送来许多红黄色的尘沙，还有热带烈日照耀，这片海域更显得红殷殷的，所以就叫作红海了。

美国西海岸的加利福尼亚湾的海水是褐红色的，有时候甚至变成血红色。航行到这里的水手叫它“朱海”，这完全是红色海藻的影响。

乌克兰和土耳其中间的黑海，海水一派暗沉沉的。远远看去似乎有些发黑，所以由此得名。这和海底堆积了许多污泥有关；

再加上这里的天空经常阴沉沉的，便会使人感到海水也有些发黑似的。

除了这些颜色的海水，还有别的颜色吗？

当然有。北冰洋上一片白茫茫，说它是“白海”也不错。

海水为什么是蓝的

“海水真的是蓝色的吗？如果真是这样，不知要用多少蓝色颜料啊！”好奇的孩子说着，捧起海水仔细看。可手心里的海水好像玻璃似的，完全无色透明，没有一丁点儿颜色。

这是怎么一回事？

原来这是光的“魔术”。太阳光是红、橙、黄、绿、青、蓝、紫七种色光组成的。海水对不同颜色的光线吸收力不一样。对浅色的红、橙、黄光线吸收能力最强，对深色的绿、青、蓝、紫光线吸收能力比较弱。

太阳光射进海水的时候，红色部分仅仅到达 30 多米的深度就被海水吸收了，剩下来最多的是深色。所以海水反射回来的就只剩下这些深色了，看起来就是一派蓝幽幽的水波。

福雷尔水色标

福雷尔是谁？水色标是怎么一回事？是不是把大侦探福尔摩斯的名字写错了，变成什么陌生的福雷尔？

不，没有弄错。这是一种鉴定海水颜色的工具。

一个有透明度的圆盘，加上装在 21 个玻璃管里不同颜色的溶液，就可以准确描述海水颜色。只需要在这个有透明度圆盘的背景下，仔细和玻璃管里不同颜色的溶液比较一下，就可以描述出海水的颜色了。

下面是世界上海洋研究部门使用的描述颜色色号的水色标。

颜色	色号	颜色	色号
蓝色	00	微黄 - 绿色	60
浅蓝色	10	黄 - 绿色	70
微绿 - 浅蓝色	20	绿 - 黄色	80
微蓝 - 绿色	30	微绿 - 黄色	90
绿色	40	黄色	99
浅绿色	50		

第四章

咸海水

海水可真不是味儿。

说它不是味儿，不是没有味道，而是真难喝的意思。海水不仅很咸，有时还带着一些苦味儿，简直无法下咽。

哈哈！谁让你去喝海水啊！口渴得要命的牛儿、马儿也不会去喝海水。傻乎乎地喝海水，岂不是自己跟自己过不去吗？

请你不要笑话别人。人们第一次看见大海时，没准儿都会傻乎乎地喝上一口海水，来亲自感受一下。我这个写书的老头儿也一样，小时候跟着爸爸妈妈第一次到海边时，就干过这样的傻事儿。

是啊！凡事都要亲身体会一下。只有喝过海水的人才知道它不能喝。难怪人们出海必须带淡水，这比什么都重要。

水啊水，多么珍贵的救命淡水啊！迷航的水手，困在荒岛上的人们，口渴得要命，面对着汪洋大海，却一口也不能喝。

话说到这里，人们忍不住会问：海水为什么这么咸？大海一直都是咸的吗？

"不。"地质学家摇头说。其实最早的海洋并不是这样的。

那时候，地球诞生不久，刚刚有一个坚硬的外壳。

那时候，还没有人类。连恐龙、三叶虫等任何生命都没有。谁也不知道当时的海水是什么味。

大多数人猜想，海水最早是淡水。海水里面的盐分是后来河水带来的。

也有人说，海水一开始就有一些咸味儿，只不过不像现在这样咸得无法下咽罢了。

这么说也有一定的道理。当时海底火山爆发，喷出许多矿物质，再加上最初从岩石里分离出来的水分里也含有一些盐分，所以一开始海水就有一丁点儿咸味儿也是有可能的。

这都是人们的推断。最初海水到底是什么味儿，谁也说不清。不过有一点可以肯定：这是地球形成后，雨水和河水不停冲刷地面，然后通过一条条河流把土壤和岩石里的盐分冲进大海，经过漫长的地质时代日积月累逐渐变咸的。

有人会问："河流到底带来了多少盐分？整个世界大洋到底有多少盐分？"

急性子的人一听，没准儿就会兴冲冲地叫嚷："啊！这还不简单？只需要用地球的年龄乘以每年河流冲进大海的盐分，就是世界大洋盐分的总量了。"

别急，别把事情想得这么简单。要明白在不同年份、不同地方，海水盐度的增长和分布并不是一样的。

首先应该弄明白：在地球历史里不是一开始就有大海的，所以不能用地球年龄和这个数值相乘，得出自己想象的结论。

再一点，地球诞生后的几十亿年里，环境变化非常复杂，不同时期从陆地带来的盐分不会一样多。

此外，由于不同海区的水文条件、气候条件和其他许多条件不一样，所以世界大洋里面的盐分不是均匀分布的；即使在同一个海域里，不同时间也有变化。

让我们来看看，世界大洋不同海域的海水盐分含量吧！

在开阔的大洋里，海水盐度一般为33‰～38‰，平均为35‰。

红海的海水盐度为41‰左右，个别地方的海底盐度达到270‰以上。

波斯湾的海水盐度为37‰～40‰。

大西洋平均盐度为34‰～37.3‰，马尾藻海的盐度最高。

黑海盐度为17‰～22‰。

波罗的海盐度在2‰～15‰。

为什么这些地方的海水盐度差别这么大呢？这和不同地方的具体情况有关。

红海和波斯湾几乎是封闭的，和外界交流不容易，再加上气候炎热、蒸发强烈，两边的沙漠广阔，四周又没有河流入海，这里海水盐度高，一点也不稀奇。

马尾藻海在北大西洋中心，蒸发也很强烈，再加上在大洋中央，远离周围的陆地，压根儿就没有河流带来淡水补给，这里的海水盐度比较高，也容易理解。

黑海和波罗的海周围有许多大大小小的河流，河水冲淡了海水，盐度当然就很低；这里气候寒冷，蒸发量很小，也是造成盐度低的一个原因。

如果这样说，那么北冰洋上到处都是冰块，到夏天一些地方的浮冰融化，再加上有许多大河流进来，盐度一定最低了？

不，你可想错了。这儿表层浮冰的融化水盐度几乎等于零，可是下面却是真正的海水，也很咸很咸呢。

那么赤道地区蒸发很强烈，这儿的海水特别咸吗？

那也不见得。

这儿的暴雨特别多，一场场猛烈的暴雨从天而降，好像是特殊的“空中瀑布”。这些半空中来的淡水冲淡了海水，所以这里的海水盐度反而不是太高。南北回归线那里主要是上升气流，降雨少、蒸发强，沿岸沙漠多，很少

有河流流进来，那才是盐度最高的地方。

咸咸的海水，到底是好还是不好呢？

海水可以晒盐，是世界上最大的食盐供给来源。没有海盐，我们吃的盐就会减少一大半呢！

海水还可以提炼出许多有用的化学原料，是化工厂取之不尽的原料仓库。

从海水里面还可以提炼一些化学成分，用于制药。

再说了，不同盐度的海水里生存着不同的海洋生物，从而使海洋生物资源更加丰富多彩。

是啊，又苦又咸的海水也有许多用处呢！千万别否定它的价值。

盐度

海水盐度是什么意思？

说得简单些，就是海水里溶解盐分的平均浓度。以世界大洋的平均盐度 35‰来说，意思就是说平均每千克海水里含有 35 克的盐。

第五章

“爆炸”的深水鱼

请问：鱼会爆炸吗？

鱼不是炸弹，怎么会爆炸呢？

常言道，“如鱼得水”。鱼离不开水，这是基本的常识。

让我们再问一句：“不管什么鱼，不管在什么水里都能够生存吗？”那才不见得。

淡水鱼一般不能生活在海里，大海里的鱼一般也不能在淡水中长期生存。

如果再进一步问：“大海那么大、那么深，是不是所有的海鱼都可以自由自在地生活在大海里的任何角落呢？”

不！只有神话和童话书里才有这样的

福建霞浦风光

故事——说什么大海里也有小金鱼，海底也有人类居住，孙悟空拜访过东海龙王的海底龙宫。

有海上生活经验的人是绝对不会相信的。

渔民知道在不同的深度，可以捞起不同的鱼儿和其他海洋生物。

就拿最常见的黄花鱼来说吧，打捞出来后，眼睛几乎都鼓得很大很大，好像快要蹦出来似的。有的更古怪，竟然把肚皮里面的五脏六腑也吐了出来。

这是它们离开所居住的海水层，来到地面后的一种正常反应。

咦，这是怎么回事？孩子们你看我我看你，谁也不知道其中的原因。

为了帮助大家弄明白这个现象，让我们来做一个实验吧！

请用绳子把两个空瓶子拴紧，一个瓶子盖紧，另一个不盖瓶盖，从船边慢慢放到水里，放得深一点，过一会儿提起来看。

奇怪的事情发生了。只见盖紧瓶盖的瓶子已经破了，另一个没有瓶盖的却好好的，一点儿也没有损伤。

有人会想，问题一定出在瓶盖上。

说对了，就是这么一回事。

原来这是海水压力造成的。因为内外的压力不一样，在强大的外部压力作用下，盖紧瓶盖的瓶子就被压破了。没有瓶盖的瓶子，里外的海水压力一样，当然就不会破了。

原来这是一个物理学问题，水越深，压力越大。

要知道，海水压力比空气压力大得多。海水每深 10 米，压力几乎就要增加 1 个大气压，请仔细算一下，在深深的海底压力有多大？

最深的马里亚纳海沟，深度是 11034 米，那儿的海水压力几乎达到了 1100 个大气压。每平方厘米面积所承受的重量有 1.1 吨。如果没有采取保护措施的人冒冒失失下沉到那儿，必定会被压扁。孙悟空和东海龙王一定是特殊材料构成的才能上下自如，并且一点也不受损伤。

出水的黄花鱼也是同样的原因。深海鱼一旦被迅速捞出海面，因为体内的压力比外面大，就会鼓出眼睛，甚至也会吐出内脏来。

明白了，海水是有压力的。生活在不同深度的鱼儿，承受的压力不一样。一旦深海鱼被捞起来，或者浅水鱼被抛进海底，压力条件发生变化，都会带来极大的损伤。

海水的压力

每一个大气压相当于每平方厘米的面积上大约有 1 千克的重量。

海洋学家报告：海水深度每增加 10 米，就增加 1 个大气压的压力。在 1000 米的深处，海水压力大约是 100 个大气压。有人计算，在这样的压力下，木块的体积也会被压缩到原来的一半。信不信由你，这时候木头也会下沉了。

全世界最深的马里亚纳海沟的海底压力有多大？据说，有一艘名叫“的里雅斯特号”的深潜器下潜到这条海沟，经受到 1100 个大气压的压力，这相当于两个半中型航空母舰的重量。水下压力使这艘深潜器的体壁压缩了 2 毫米，表面的油漆也脱落了一些。想一想它承受的压力有多大？如果是一个没有配备保护设备的人，必定会被压扁了。

第六章

哗啦哗啦响的波浪

哗啦，哗啦……

一下又一下的波浪拍打着岸边的岩石，发出震耳的喧响。

哗啦，哗啦……

一下又一下的波浪在海上翻滚着，使辽阔的大海沉浸在这一声声海的韵律中。

哗啦，哗啦……

一下又一下的波浪冲击着人们的心灵。

海上的波浪好像是一排排山峰和山谷，拱起来的是波峰，凹下去的是波谷。不过海水的“峰”和“谷”不是固定不动的。

山的高度是从山脚算到山顶，波浪的高度是从波谷算到波峰。山的距离从两座山的山脚算起；波浪的距离则是从两个波峰算起，两个波峰之间的长度叫作波长。

哗啦，哗啦……

海上的波浪起伏着，波峰上有许多白浪花。

白浪花真好看，可是人们不明白这是怎么产生的。

其实这就是水里的气泡啊！波浪起伏得厉害的时候，一串串气泡冒起来，就成了白浪花。

哗啦，哗啦……

在辽阔的大海上，波浪汹涌奔流。

没准儿还有人问，大海里的水滴是怎么运动的？起伏不定的波浪必定把一滴滴水带到远方周游全世界。

不。海洋学家说："不管波浪多么汹涌，水质点只是在做圆圈运动。"

哗啦，哗啦……

一排排波浪冲到岸边，被礁石挡住，翻转过来，溅起许多浪花。

有人会问，这是怎么回事儿？为什么波浪会翻转过来？

这叫"拍岸浪"。波浪在岸边受到地形影响，就会翻转过来生成这种"拍岸浪"。

哗啦，哗啦……

人们发现了一个非常有趣的现象：不管海岸怎样弯曲，波浪总是笔直对着岸边涌来。

这是波浪的折射作用造成的，波浪的折射是传播速度发生改变造成的。在深海中央，波浪翻转不会碰到海底，所以不会引起波速的改变。但是，当波浪从深海传播到岸边的浅海时，波速随着深度变浅，就会渐渐变慢，开始发生折射了。由于岸边的等深线大致和海岸平行，所以就造成了波浪总是笔直对着岸边涌来的现象。

哗啦，哗啦……

人们看见伸进海心的岬角、防波堤，心里想：这会不会干扰波浪运动的方向？

会有影响的。这也是建造防波堤的意义所在。不过在这种情况下，波浪还会发生绕射，照样会把波浪传播进来，不过威力会小很多。

澳大利亚海滩天线

哗啦，哗啦……

人们的心里不禁又冒出一个问题：为什么波浪老是这样汹涌澎湃，没有平静的时候？海上的波浪到底是怎么产生的？

南非开普敦著名的岬角——好望角

常言道："无风不起浪。"海上的波浪，是风卷起来的。

有风就有浪，这是谁也没法改变的事实。

五代时期著名词人冯延巳有两句词"风乍起，吹皱一池春水"就是这个意思。一股风吹来，连小小的池塘里也会泛起水波。在无边无际的大海上，难道不会生成波浪吗？

人们还会想起一句老话："无风也有三尺浪。"波浪，不一定和风有关系。

到底是“无风不起浪”，还是“无风也有三尺浪”？说来说去，似乎有些说不清。

请别随便否定后面这句话，这也是人们长期观察的总结。海上波浪生成的原因很多，不只是风引起的。海底地震、火山喷发、海边山崩、冰川断裂……包括陨石在内的各种各样的物体坠落入海，以及轮船经过，都可能激起或大或小的波浪。就是一条大河流入大海，也可以推动海水，引起一阵阵波浪。

这难道不是“无风三尺浪”吗?

仅仅远处的风浪有时也会产生波浪。这种由远处传播来的波浪叫作涌浪。涌浪和一般的波浪有些差别，它的波长比较大，最长的有好几百米。波峰圆滑，波脊线也很长。涌浪的传播速度也很快，有时可以达到每小时 40 千米。涌浪可以把远处无风地带的船弄得摇摇晃晃。没有坐船经验的人，还不知道是怎么回事儿呢。

涌浪可以预报台风。住在海边的人非常关心它。人们又总结出一句话：“无风来长浪，不久狂风降。”还有一句谚语：“风停浪不停，无风浪也行。”说的都是这种情况。

第七章

力大无比的“水拳头”

古人曾说，水是天下至柔的东西。

信不信由你，有时候水也是刚猛的。

柔和刚在水的身上得到了奇妙的统一。

要说这个问题，就从海上的波浪说起吧。

波浪是大海透明的拳头。

请别小看了这个拳头。如果让它参加拳击比赛，别说三拳打死“镇关西”的鲁智深和景阳冈打虎的英雄武松，任何拳击冠军都不是它的对手。

你不信吗？请看几个例子吧。

第一个例子发生在英国的苏格兰海岸。有一次，波浪把一座栈桥上的1370吨重的石头移动了15米远。5年后，在同一个地方，波浪又冲垮了新建的2600吨重的栈桥。人们计算出，当时波浪的冲击力量达到了每平方米29吨。这样强大的波浪冲击和大炮轰击有什么差别？

第二个例子发生在美国西海岸的俄勒冈州。有一次，一个巨浪竟把60千克重的石头抛到了28米高的灯塔上面，砸坏了灯塔的设备，并把守灯塔的人吓了一大跳。如果灯塔上有人被砸中，准会立刻毙命。

第三个例子发生在荷兰的阿姆斯特丹。一个20吨重的混凝土块被波浪抛到6米多高的防波堤上。请算一下，它的投掷力量有多大？奥运会的投掷冠军根本就不能和它相比。

这些记录都在海岸边。如果在开阔的海面上，来往航行的船只遭遇到这样猛烈的波浪“拳头”，不被一下子击沉才怪呢。

波浪的破坏程度和海岸形状有密切关系。根据观察，海岸越陡峭，岸边的水越深，冲扑向海岸的波浪能量就越大。在浅滩和沙洲附近，由于海水比较浅，可以在运动过程中消耗波浪的能量，是有效的缓冲地带，波浪破坏程度比较小。

海中消波块

波浪的力量到底有多大?

巨大的浪头好像气锤似的，可以达到每平方米 60 ~ 80 吨的冲击力。如果再考虑爆发性的因素，威力就更可怕了。

在暴风浪出现的季节，巨大的波浪一个紧跟一个，频繁地对海岸冲击，达到每分钟 12 ~ 14 次。波浪飞快猛击着袒露的海岸，并能够冲毁沿岸的建筑，造成不可估量的损失。

人们曾经进行过测试。波浪对爱尔兰西岸的平均压力一般是每平方米 11000 千克。特大风暴期间，冲击力可以达到一般值的 3 倍之多。

为了保护海岸，人们不得不采取防止波浪冲击的种种防护措施。除了加固堤防，还要在波浪经常冲击的地段，使用混凝土和别的原料布置一些不规则的物体，来破坏波浪的行进方向，使它在猛扑海岸前的一刹那被分解开。这也是行之有效的方法。

岸边的波浪这样厉害，在开阔的海上呢?

对海上船只而言，必须特别注意波浪的高度。

海上波浪到底有多高?这和风力大小有关系。小的波浪破坏力不大，我们就说特别高、特别大的吧。由于没有完整的统计，还不能十分准确回答这个问题，不过也有一些记录。

请看两个测量记录吧。

1961 年 9 月 12 日，一艘英国气象考察船测量到 20 米高的大浪。这样的巨浪，简直达到了将近 7 层楼的高度。这个记录还不是最大的。

1933 年 2 月 7 日，美国油轮“拉梅波号”在菲律宾海上。遭遇了一场特大风暴。当时风速达到每秒 30 ~ 40 米，掀起了 34 米高的巨浪。船身被卷起来，又沉落进深深的波谷，最后好不容易才逃脱了危险。

多大的浪才会有危险？有航海经验的人都知道，小渔船遇到3米高的波浪就有危险了。波高超过6米，就可能击沉一般的机动船。如果遇到9米以上的大浪，万吨巨轮有时候也扛不住。前面讲的几十米的巨浪，其危险程度就不言而喻了。

对行驶中的船只来说，波浪的角度也很重要。海上航行的时候遇到什么角度的波浪最可怕呢？

一般来说，侧面来的浪危险大，正面来的浪相对好些。

为什么这样说？因为侧面来的风浪会造成船身横向摇摆。如果船的自由摇摆周期和波浪周期相同，就会引起共振现象，发生突发性的大振幅摇摆，这样就会一下子把船掀翻。

正面来的风浪造成船身纵向摇摆，虽然比横摇好些，可是如果太厉害，也会使船尾的螺旋桨露出水面，造成机械失控而翻船。

这样的巨浪造成的灾难故事太多了，说也说不完。航海者常常遇见小山一样高的浪头，稍有不慎，就会被劈面压盖下来的巨浪打沉。

当年元朝渡海攻打日本的时候，由于选择时机不当，整支庞大的舰队被一场猛烈的风暴吹得七零八落，完全丧失了战斗力。

那么，海上的波浪到底吞没过多少船只？

从古到今，这种悲惨的事情太多了，谁也没法统计清楚。不过根据200多年以来的海难记录，起码也有上百万艘船只被波浪击沉。请注意，这还不包括无法计算数量的小船。

第八章

话说潮汐

潮汐，潮汐，潮水一会儿扑上来，一会儿退回去，给海滨增添了多少情趣。自古以来都是诗人吟咏的对象。

古诗《春江花月夜》中描写：“春江潮水连海平，海上明月共潮生。”好一幅潮水涨落的海上图画。

潮汐活动包含了海水的升降进退，可以分为涨潮和落潮、高潮和低潮。

潮水有水平方向的升降运动，也有垂直方向的进退运动。上升、前进是涨潮，下降、后退就是落潮了。

除了升降进退，还得看水位高低。涨潮水位最高的时候是高潮，落潮水位最低的时候是低潮。高潮和低潮之间的水位差，叫作潮差。潮差最大时的海面升降是大潮，最小时是小潮。

潮汐可不是随便涨落的，总是按时涨潮和落潮，不会误了时间。

好奇的孩子会问，是不是所有的地方潮汐涨落都是一样的？一天涨一次潮、落一次潮吗？

不。不同地方潮汐涨落是不一样的。

人们很早就发现了潮汐涨落的规律。

有的地方一天两次涨潮、两次落潮，这叫作半日潮。涨潮过程和落潮过程的时间，也几乎完全相等，都是6小时12分。

包括天津、青岛、厦门等重要港口在内，以及我国渤海、东海、黄海大多数地方都是这样的。

有的地方一天一次涨潮、一次落潮，这叫作全日潮。我国渤海的秦皇岛一带和南海的北部湾就是这样的。

还有的地方潮水活动不规律，有时候一天两次涨潮、两次落潮，有时候一天一次涨潮、一次落潮，这叫作混合潮。我国南海大多数地方就是这样的。海南岛的榆林港就是一个最好的例子，这里十五天出现一次全日潮，剩下的日子是不规则的半日潮，潮差也比较大。

尽管潮汐有这些种类，却有一个共同的特点：农历的初一、十五以后的两三天内，都会发生一次潮差最大的大潮，这时候潮水涨得最高，落得也最低。农历初八、二十三以后的两三天内，都有一次潮差最小的小潮，涨得不太高，落得也不太低。

说起潮汐，人们会想起钱塘潮。

钱塘潮发生在浙江的钱塘江口，是世界有名的观潮地方。

潮水一来排山倒海，真是壮观极了。唐代诗人刘禹锡描述道：

八月涛声吼地来，头高数丈触山回。
须臾却入海门去，卷起沙堆似雪堆。

仔细品味这首诗，就能体会到它的气势。

这样雄伟的钱塘潮是怎么生成的？

钱塘江涨潮

古时候传说，这与两个死不瞑目的英雄有关：一个是战国时期含冤死去的伍子胥，另一个是和刘邦争天下失败了的楚霸王项羽。每当一轮皓月当空，他们就一前一后怒气冲冲地闯进钱塘江，掀起特别大的潮水，似乎想把仇敌一口吞掉。

实际上当然不是这样的。

钱塘潮的形成，是特殊的地形条件造成的。

原来钱塘江的江口像是一个大喇叭，最外面的杭州湾差不多有 100 千米宽，到了海宁地区却只有 3 千米宽了。涨潮的时候，许多潮水一下子涌进来，就不免会发生堵塞，形成特大的潮水了。

除了特殊的地形，钱塘潮还和季节，以及钱塘江本身向外涌流的江水、水底泥沙、海上的风等有关系，情况非常复杂。在不同的情况下，潮水变化很大。

在中秋节前后，月亮正圆的时候，由于月球引力的影响，潮水特别大。恰巧这个时候海上的风也很大，钱塘江的江水也特别大，和从江口倒灌的潮水猛烈顶撞，激起了很大的潮头。许多条件加起来，潮水就异常汹涌了。

钱塘潮都是一个样吗？不。由于河道形状、江面宽窄、水底泥沙多少等原因，其潮水也有不同的类型。

在顺直的河段里，又没有沙洲阻挡，潮水就好像是一道水墙，排成一条直线笔直汹涌而来，生成最常见的“一线潮”。在海宁市盐官附近，河槽宽度向上游急剧收缩，所以潮头特别大，这里也就成为传统观潮的最佳点。

如果江心有沙洲干扰，生成两股潮流，交汇在一起，就会形成交叉潮。

如果其中一股速度比较快，两股潮流一前一后涌进来，可以形成二度潮。

一股潮流碰撞岸边退回来，会生成回头潮。

退回来的潮流，又冲了上去，叫作双峰潮。

如果退回的潮流和后面的潮流相互撞击，叫作对撞潮。

钱塘潮活动有严格的周期，好像是一个非常守信的人。唐代诗人李益写了一首诗：

嫁得瞿塘贾，朝朝误妾期。
早知潮有信，嫁与弄潮儿。

可是守信的钱塘江也有“失信”的时候。

请听一个真实的故事吧！

南宋德祐二年（公元 1276 年）二月，蒙古骑兵逼近南宋京城临安（今浙江杭州），瞧见到处是水田，不好放马扎营，不知道钱塘潮的厉害，干脆就驻扎在钱塘江的沙滩上。南宋官民暗暗高兴，希望潮水一来，就把敌人冲得干干净净。想不到接连三天也没有潮水，人们大吃一惊，以为敌人得到天助，大宋皇朝气数已尽，注定要完蛋了。就这样，宋兵丧失了抵抗的意志，临安一下子沦陷了。

明朝末年，清兵攻打杭州也遇到同样的情况。清兵骑马直接下水渡过了钱塘江，没有遭遇一丁点儿潮水的阻拦。

这是怎么回事？难道真的是南宋、明朝该亡，蒙古和清朝骑兵得到上天的帮助了吗？

当然不是的。原来这是因为河底淤积了大量泥沙，好像一道水下防波堤，阻挡住了潮水。南宋和明朝实在太倒霉了，竟在关键时刻遇到了这样的事情。

其实这个现象平时也有，钱塘潮“失信”的情况不止一次发生过。所以明朝的孙承宗根据自己所见的情况，似乎故意和李益作对，写了一首《江潮》：

休嫁弄潮儿，潮今亦失信。
乘我油壁车，去向钱塘问。

话虽然这样说，钱塘潮失信毕竟只是个别情况。自古以来钱塘观潮，始终是这里最吸引人的传统节目。

潮和汐的意思

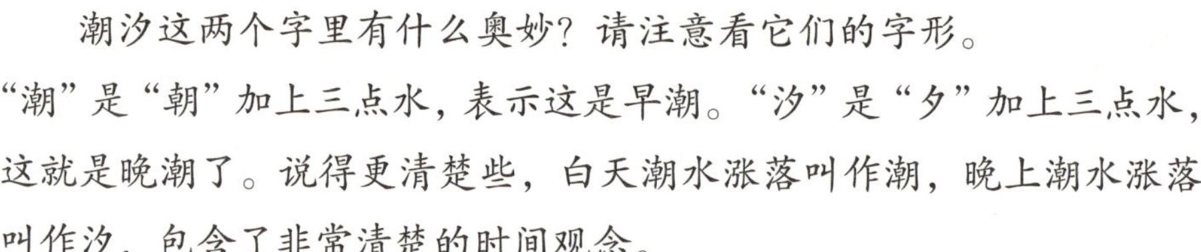

中国人是很讲究字义的。潮水就是潮水，为什么要叫作潮汐呢？

潮汐这两个字里有什么奥妙？请注意看它们的字形。“潮”是“朝”加上三点水，表示这是早潮。“汐”是“夕”加上三点水，这就是晚潮了。说得更清楚些，白天潮水涨落叫作潮，晚上潮水涨落叫作汐，包含了非常清楚的时间观念。

瞧，咱们的老祖宗早就发现潮汐有早晚时间变化的规律。“潮汐”这两个字，充分反映了古人的深刻研究，也表现出中国文字的奇妙魅力。

小知识

潮汐生成的原因

潮汐是怎么生成的？听咱们的老祖宗怎么说吧！

东汉哲学家王充在《论衡·书虚》里说：“潮之兴也，与月盛衰。”北宋科学家沈括也说：“予常考其行节，每至月正临子、午则潮生。”

每个月的农历初一、十五，也就是出现新月、满月的朔望时，太阳、月球和地球分布在一条直线上，太阳和月球的引力从不同方向“拉起”海水，所以造成了大潮。苏东坡说：“八月十八潮，壮观天下无。”每个月初七、初八和二十二、二十三，上弦月和下弦月的时候，太阳和月球的位置互成直角，引力互相抵消一部分，潮水就会小些，只能形成小潮了。

这样说来，每个月就有两次大潮、两次小潮了。

第九章

海上的“长河”

谁都知道，大大小小的河流都流动在陆地上。但海上也有“河流”，你相信吗?

这是骗人的鬼话吧，海上怎么会有“河流”?

信不信由你，但这可是真的。

请听几个真实的故事吧!

1513 年，一个西班牙航海家率领三艘帆船，从现在的美国卡纳维拉角出发，穿过佛罗里达海峡向南驶进加勒比海。想不到船不但没有前进，反而不可思议地直往后退。

是不是遇到了顶头风? 不，这个船队正在顺风航行。怎么可能倒退呢? 原来这里有一股强大的海流正对着船队流过来。虽然顺风，却是逆水，所以把帆船倒推回去了。

美国独立战争时期，邮政总局局长富兰克林发现一个怪现象：从美国开往英国的船总比从英国返航的船快些，以至于造成两边送信的时间长短不一样。他想来想去也想不通，就向一位航行经验丰富的捕鲸船长请教。船长告诉他，有一股巨大的洋流从美洲横穿过北大西洋一直流向欧洲，所以造成了两边航行时间有快有慢的现象。

富兰克林对此产生了兴趣，决定弄清楚事情的真相。因为这股洋流发源于温暖的墨西哥湾，他就请这位捕鲸船长在横渡大西洋的时候，随时测量水温，然后在海图上画出这条洋流的位置。从美国到欧洲顺流而下，从欧洲返回美国的时候尽量避开它，这样就能保证返航不会延误时间了。

这个洋流就是大名鼎鼎的墨西哥湾暖流。

富兰克林那时让捕鲸船用木桶取水测量水温的方法太原始了，而且不能准确勾绘出墨西哥湾暖流的位置。现在是使用飞机上的仪器追踪测量海面热辐射的红外线辐射变化，来精确划分它和旁边的冷海水的界线。墨西哥湾暖流宽 110 ~ 120 千米，水层厚度 700 ~ 800 米，流量每秒 8200 万立方米，这是北大西洋西部流势最强盛的暖流。

墨西哥湾暖流的作用很大，对世界自然环境影响十分深远。

正是它，把热量带到欧洲西北部海岸，使这里的气候比世界上同纬度的地方更加温暖，从而大大促进了当地的农业生产和文明发展。

正是它，在哥伦布发现新大陆 500 年前，就把热带美洲的木材送到了荒凉的挪威海岸，激发了诺曼海盗红头发埃立克的幻想。他因此扬帆西航，先后发现了冰岛和格陵兰岛。他的儿子里奥尔和后继者，还到达了今天的加拿大和美国东北部。

正是它，一直流进北冰洋，绕过新地岛，到达俄罗斯北部沿海的摩尔曼斯克，使这里成为北冰洋上有名的不冻港。

墨西哥湾暖流是怎么产生的？这和盛行风有关系。

由于地球自转的影响，这里总是盛行西风。西风推动着海水向东流，再加上地球自转偏转力的影响，就生成了偏向东北方向的墨西哥湾暖流。暖流浩浩荡荡横跨北大西洋，一直流到欧洲西北部海岸。

墨西哥湾暖流是美洲和欧洲连接的特殊纽带。人们说，它给西欧和北欧送去了温暖，推动了文明的发展，这一点也不错。

此外，海水密度的差异等许多因素，也能够生成洋流。

世界上除了这样从低纬度流向高纬度的暖流，还有从高纬度流向低纬度的寒流。

墨西哥湾暖流并不是最早被发现的洋流。古时候许多地区的水手，早就发现大海不是像洗澡盆里的水一样纹丝不动，也不是随便荡来荡去。

古人不知道地球自转偏转力，却早就发现了风的巨大作用。

印度洋航行就是一个例子。聪明的阿拉伯航海者发现了一个重要的现象：每年的 11 月到第二年的 3 月，风总是从东北方的大陆上吹来，带动着海水向西南流去，顺着这股洋流就可以直达东非海岸；4 月至 11 月则恰恰相反，西南风出现，驾船追逐着云涛和洋流驶向东北方，就能返回阿拉伯故乡了。随后他们又开辟了通往印度的航线。

依靠季风的帮助，他们十分顺利地建立起了与非洲、印度的联系。接着，印度和波斯的船只也出现在这条航线上。由于这种随季节变化的定向风帮了商船队的大忙，人们就把它称作贸易风。

咱们中国古代人也发现了这个秘密。人们利用季风带动的洋流，开展了东南亚的航线，并一步步继续发展，开辟了辉煌无比的“海上丝绸之路”。

小卡片

墨西哥湾暖流

从墨西哥湾流出来的这支洋流，一直到达北欧海岸。请你在地图上测量一下它有多长。不管长江、黄河、尼罗河还是密西西比河，在它的面前，都是小巫见大巫。

这是一条没有“岸边”的“河流”，有100多千米宽。想一想，世界上什么大河可以和它相比？

这条海上“河流”很深很深。从水面到“河底”有700多米。想一想，世界上什么河流有这么深？

这条海上“河流”没有泥沙淤塞的问题，水量很多很多，流得也很快。

这条从南方流过来的海上“河流”非常温暖，表层水温高达26℃左右。特别是冬季，比周围的海水高8℃，简直就是一条巨大的“热水管”，温暖了湾流所有的流经地。它把热量传送到西欧和北欧沿海，让那里形成暖和的海洋性气候。它对那里的历史、文明发展，也有很大的贡献呢。

洋流和渔场

陆地上不同的河流里，常常生活着不同的鱼儿。海上洋流也是一样的，生活在寒流和暖流里的鱼群是不一样的。在一些寒流、暖流交汇的地方，前者带来了冷海鱼类，后者带来了暖海鱼类，二者相遇的地方，常常形成特大的渔场。世界四大渔场中的北海道渔场，就是南方来的暖流与流过千岛群岛的寒流交汇形成的。纽芬兰渔场，是南方来的墨西哥湾暖流与北方来的拉布拉多寒流交汇形成的。北海渔场，是南方来的北大西洋暖流与北方来的东格陵兰寒流交汇形成的。世界四大渔场中还有秘鲁渔场。

我国的舟山渔场也是这样形成的。春夏季节台湾暖流从南方流来，带来大量喜暖的鱼群。到了秋冬季节，随着寒冷的黄海冷水团南下，又带来许多喜冷的鱼类。这里春季有小黄鱼汛，夏季有大黄鱼和乌贼汛，秋季有海蜇汛，冬季有带鱼汛。

雨后彩虹下的舟山海上渔场

第十章

“泰坦尼克号”的杀手

还记得“泰坦尼克号”的悲剧吗?

人们永远不会忘记这个海上惨案。

1912 年 4 月，当时世界上最豪华的客轮“泰坦尼克号”满载着兴高采烈的旅客，从英国开往美国纽约，进行它横贯北大西洋的处女航。夜里轮船忽然撞上一座巨大的冰山，最后在黑沉沉的海上沉没了。1500 多人就这样丧失了宝贵的生命，成为航海史上最悲惨的海难。

“泰坦尼克号”的悲剧，唤醒了人们对海上冰山的注意。从那一天起，人们开始关注这些在海上到处漂浮的冰山，并把它们列为可怕的海上杀手。人们组织了冰情巡逻队，从空中和海上时时刻刻监视海上冰山的运动情况，并及时向来往船只报告，以避免发生类似的悲剧。

这些冰山是从哪儿来的呢？是来自南北极附近的冰海。有人统计：仅仅在格陵兰岛上的上百条冰川，每年就会把 10000 到 15000 座冰山送入北大西洋。请你想一想，把北冰洋和南极大陆加在一起，再连同附近的冰封岛屿，整个南北极地区一年会生成多少座冰山？

无数座随波逐流的冰山，从地球的两极区域向远方散布开，犹如布设了数不清的“水雷”。有的远远就能望见，有的隐藏在夜色、雾气和起伏的波涛中，一个个都是恐怖的杀手。来往的船只，可要小心啊！

这些冰山都是一样的吗？

不是的。细心的人们经过仔细观察，发现它们的外表形态不一样。一般来说，来自北冰洋的冰山个儿比较小，尖顶的比较多，像是真正的“山”。“泰坦尼克号”撞上的，就是一座北方漂来的尖顶冰山。

我在北冰洋边缘的哈得孙湾考察时，天天都能见识到这样的

格陵兰岛的冰山

冰山，有平顶的，也有尖顶的，前者大些，后者小些，后者大多是分裂融化后的产物。时不时瞧见一些北极熊在漂浮的冰山之间游泳，或者懒洋洋地趴在冰山上，真有趣！

南极大陆来的冰山，是从巨大的冰棚上分裂开来的。个儿比较大，多半是平顶的，好像是一个个冰冻的平台。

海上冰山有大有小。让我们说几座特别大的冰山吧！

1956 年，人们发现了一座 333 千米长、96 千米宽、450 米高，面积达到 32000 平方千米的特大冰山，只比海南岛小一丁点儿。

一座差不多和海南岛一样大的冰山，该是什么样的概念啊？想一想，这样大一座冰山迎面漂来，会是什么样的感觉呢？

1986 年，又发现一座差不多同样大小的冰山，以每小时 2 千米的速度朝南美洲漂去。当地的人们发出了冰山警报，给它取名“拉松 185”。人们对它进行密切监视，提醒往来船只注意，以避免造成可怕的灾难。

2005 年，刚刚揭开新年日历，一座 3 千米宽、比五六层楼还高的大冰山，从南极大陆漂向新西兰，一下子成为轰动的新闻。人们对它进行了严密监视，并随时报告它的位置和移动的方向。头脑灵活的旅行社连忙抓住这个难得的商机，纷纷组织游客前往观看，大大赚了一把。

这座冰山对当地有什么样的影响呢？当它距离新西兰只有 80 千米，像是一个特大冰块移动过来时，新西兰当地的气温骤然下降就不说了，甚至澳大利亚悉尼的气温，也一下子下降了许多。要知道，南半球和北半球的气候相反，1 月正是炎热的夏天。

北半球的冰山虽然没有这么巨大，但也有比较大的。有人在加拿大北方的巴芬岛附近发现过一座冰山，有 10 千米长、5 千米宽，

浮冰上的北极熊

个头儿也不小呢。仪器实测的统计资料显示，超过 100 米高的冰山，一点也不罕见。

南半球的冰山虽然很大，却没有这样高，最高的只有90米左右。不用说，它们是随着洋流慢慢漂流到没有封冻的海上，然后越漂越远，最后就渐渐融化消失了。

海上冰山开发计划

冰山是什么？就是漂浮在海上的固体淡水呀！

在世界普遍缺水的时代，这么多的冰山白白融化了实在可惜。人们开始动脑筋，是不是可以把海上的冰山拖回来利用？

这怎么不行呢？人们说干就干。

你知道吗？早在1886年，阿根廷人就曾经拖回一座冰山。四年后，缺水的秘鲁人也拖回一座冰山。19世纪就能这样，现在更加不用说了。

西亚的沙特阿拉伯对这样做的兴趣最大。这个有名的沙漠国家，有的是石油，缺少的就是水。他们为了解决缺水问题，建立了许多海水淡化工厂。可这花钱太多了。一吨水的价格和一吨石油的价格差不多，实在是太不划算了。然后他们就把目光转向海上无主漂流的冰山。根据计算，哪怕在拖运途中，冰山会融化损失20%，也是划算的。这样每吨水的成本还不到一美元，比淡化海水便宜得多。沙特阿拉伯下了决心，一定要实现这个科幻般的计划。有志者事竟成，一定可以成功的。

第十一章

可怕的海啸

2014 年 12 月 26 日，圣诞节刚刚结束，印度尼西亚和附近一些国家就纷纷举行了一个“印度洋大海啸 10 周年”的哀悼活动。

10 年前的这一天，印度洋发生了一场特大海啸。几米至几十米高的“水墙”忽然迎面扑来，来得像风一样快，一下子就席卷了整个印度洋沿岸，几乎摧毁了岸边的一切。

请看它的进程表吧。

不到半小时，巨浪海啸把苏门答腊岛的亚齐省海岸扫荡得干干净净，所到之处的海边城镇、村庄，没有一个能逃脱被毁灭的命运。

一小时后，巨浪冲上泰国旅游胜地普吉岛，惊慌的游客四散奔逃，行动稍稍慢一点，就被如山的巨浪吞噬了。

两个半小时后，海浪冲到印度半岛东南部和斯里兰卡海岸。

紧接着，海浪一路波及东非，几乎席卷了整个印度洋沿岸，整整影响了 12 个国家，夺去了超过 25 万人的生命。几百万人无家可归，受伤的人更是不计其数。多亏这场海啸发生在清晨，除了早起到海边看日出的人和赶着出海的渔民，大多数游客还躺在舒适的床上，商贩也没有开始海滩上的活动，从而逃过了这一劫难。不然死伤和失踪的人数，还不知会增加多少倍。

这场海啸是怎么来的？

是海龙王发怒吗？

是外星人袭击吗？

不，原来是一次里氏 9.3 级强烈地震引起的。几乎整个印度洋像被一只巨手翻动的大水盆那样动荡起来。

在这场印度洋大海啸中损失最严重的是印度尼西亚。其实这和当地的地震有关系，而遥远的东南亚、南亚、东非一些地方也跟着遭受伤害。

人们不禁会问，这一个地方发生海底地震，怎么会影响整个印度洋呢？岂不是城门失火，殃及池鱼吗？

其实没有什么好奇怪的。一个大洋，也可以简单理解为一个大盆子。请你试一试，在一盆水里轻轻碰一下，那里立刻就会生成一圈圈水波，然后传递到水盆的四周。

地震引起海啸的例子太多了，让我们再看两个著名的海啸事件吧！

1960 年 5 月 21 日，智利当地时间下午 3 时，沿海发生了一场 9.5 级的大地震，大地震立刻引发了海啸。当地被地震和海啸双重影响，损失空前严重。令人想不到的是海啸余波竟以每小时 600 ~ 700 千米的速度向西横扫整个太平洋，袭击了夏威夷群岛，还一直传播到 17000 千米外的日本列岛和东北亚的堪察加半岛，几乎影响了整个太平洋。

1896年6月15日傍晚，日本三陆地区的居民和参加甲午战争后返乡的一些士兵正在海边庆祝节日，突然感觉到脚底有一些轻微的晃动，似乎发生了轻微的地震。因为日本是有名的“地震之国”，人们对地震已习以为常，并没有放在心上，照样跳呀唱呀。

大约过了35分钟，在20时2分左右，海上忽然传来一阵暴风雨般的呼啸声，人们看见了一排排比房屋还高的巨浪，最高的浪头达到近40米。这些浪头好像快拳手挥出的拳头似的，一个接一个扑上海岸，形成了一场凶猛的海啸。几分钟后，第二波到达，把海滩扫荡得一片狼藉，并一直横冲直撞到北海道。最后统计损失，总共摧毁房屋14000间，卷走船只30000条，死亡人数多达27000人。刚才还在狂欢的当地居民和士兵，几乎没有一个逃脱，这成为日本有史以来损失最惨重的一次海啸。

这一场海底地震，使日本人有了清醒的认识。痛定思痛后，日本人意识到在地震的时候，必须留一只眼睛看着海上，并提出了由“注意海啸”这四个字组成的格言式的警告。前事不忘，后事之师。从此日本人就时刻不忘海啸，把它列为最需要关注的自然灾害之一。

小卡片

我国古代的海啸

中国是最早记载海啸的国家之一。《汉书・天文志》中记载，西汉元帝初元二年（公元前 47 年）秋七月，渤海湾发生了一次海啸。皇帝感到不安，问道：“一年中地再动。北海水溢，流杀人民。阴阳不和，其咎安在？公卿将何以忧之？其悉意陈朕过，靡有所讳。”

大司空掾（古代官职）王横报告说：“河入勃海（即今渤海）地，高于韩牧所欲穿处。往者天尝连雨，东北风，海水溢，西南出，浸数百里，九河之地已为海所渐矣。”

后来郦道元在《水经注》中也记述了这件事：“昔在汉世，海水波襄，吞食地广，当同碣石，苞沦洪波也。”又说：“昔燕齐辽旷，分置营州。今城届海滨，海水北侵，城垂沦者半。”

第十二章

神秘的海底地形

孩子们从安徒生童话《海的女儿》里，早就知道了海底的神秘风光。《西游记》中孙悟空拜访东海龙王的这段故事中，也有一个神奇的海底世界。

这都是真的吗?

不，童话就是童话，神话小说就是神话小说，怎么可以当真呢?

请问，海底到底是什么样子?

像洗澡盆一样平吗?

像饭碗一样呈圆弧形吗?

不，都不是的。它的形状可复杂了。海底既有千山万壑，也有一马平川的大平原，地形非常复杂。

让我们从海边起步，一步步走向“海底龙宫”，去看一看传说中龙王爷管辖的地方到底是什么样子。

话说到这里，必须申明一句：海边的水下地形十分复杂。例如我国台湾岛的东岸，一道陡崖笔直插下去，下面就是深不见底的深渊。谁要是稀里糊涂一脚跨过去，那就后悔也来不及了。

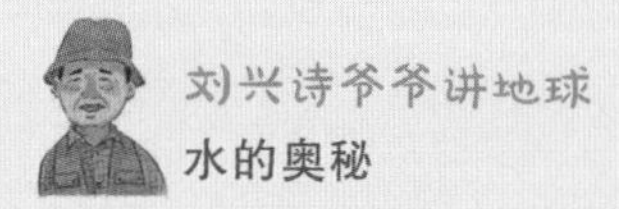

啪嗒，啪嗒，一步步踩着浅水往前走。海水起初只到脚后跟，慢慢到膝盖、肚子和胸口。走了很远也没有太深。

啪嗒，啪嗒，穿着潜水服接着往前走。潜入海中，隔着透明的海水，还看得见被水波映成蓝幽幽的太阳。也算不了太深啊！

这儿的水底和岸边的沙滩，似乎是连接在一起的，是一个非常平缓的斜坡，平均坡度只有不到1°，慢慢斜伸进大海。只不过前者在我们的视野内，后者盖着一层起伏的海水而已。这个斜坡上的海水，把海和陆分隔开来。

再继续往前，潜水服不管用了，换一艘小小的潜艇吧。

潜艇顺着这个水下斜坡一直往前开，又走了很远很远。离开海岸已经有几十千米、上百千米、好几百千米了，下面斜坡的坡度依旧没有太大的变化，依然是斜斜地、平缓地慢慢往前伸展。

让我们钻出海面，飞升到高空，仔细观察大陆的边缘吧！

看，沿海平原和水下浅海连接成一片。只不过一半露出来，一半泡在水下而已，浅海好像是大陆的“湿裙子”。

人们把这种大陆向海洋延伸的部分叫作大陆架，又叫“陆棚”。

大陆架是海岸向海延伸到大陆坡为止的比较平坦的海底区域。其范围起自低潮线，外缘止于海底坡度急剧增大处。

大陆架的深度一般在200米以下，地形非常缓。当海面下降的时候，它就露出来成为沿海平原，海面上升才被淹没，成为一片浅海。这里曾经是陆地，也有一些低矮的丘陵，甚至还有一条条远古时期的山脉，可以找到一些陆地动物的化石呢。

明白了。原来大陆架有这样的特殊经历，它的物质组成也很有特色。这里既有江河带来的泥沙，也有海洋的沉积。

在大陆架上还留有丰富的陆地“遗产”。因为海陆变迁，这

里曾经布满森林，后来形成了泥炭和煤矿。这里还有许多别的陆源矿床。不用说，在陆地和海洋两种环境里形成的石油、天然气就更多了。包括海湾地区在内，世界上许多大油田，都散布在大陆架上。这里已经发现的矿床，除了前面说的这些，还包括铁、铜、黄金等好几十种呢。

有趣的是，在大陆架上，还藏着一条条河流的“尾巴”。

这是怎么回事儿？原来它是因陆地下沉或海面上升，海水淹没海滨的河谷或山谷后形成了狭长的海湾，水下还保存有古河道。海洋地质学家给它取名溺谷。

溺谷，这个名字非常形象化，似乎就是一条条“淹死”在海底的古河谷。以长江来说吧，它的溺谷就一直穿过舟山群岛，伸展了很远很远。如果把这一大段古河谷也算上，长江就更长了。

我国的渤海、黄海、东海，以及南海的大部分海域都在大陆架上，这些都是我国沿海平原的自然延伸。根据海洋法，这些海域连同其海域内的岛屿，都属于我国的领海，谁也不能侵犯，包括钓鱼岛在内。

从大陆架再往前走是什么？

那是向深海过渡的大陆坡。

听着这个名字，就知道是怎么回事儿了。

第一，它和大陆有关系。要不，怎么这样称呼呢？

第二，这是一个倾斜的大斜坡，坡度比大陆架大得多。如果大陆架仅仅是一个非常缓的斜坡，那么这里就非常陡峭了，二者差别非常明显。

大陆好像一块块巨大的“台地”，置放在深深的海洋盆地里。它的边缘有一圈平缓的大陆架和陡峭的大陆坡。在这个陡坡下面，才是广阔无边的海洋盆地。

地质学家说，这个大陆坡的坡脚，才是大陆和海盆理论上的分界线。

明白了吗？别管波浪在什么地方，从根本的地质构造来讲，这里才是大陆和大洋盆地的真正界线。

大陆坡和大陆架相比，不仅坡度大，宽度也小得多。

大陆坡的平均坡度为4.3°，超过大陆架好几倍。最陡的地方达到45°，和大陆架的差别就更加明显了。既然大陆坡是倾斜的，那么，这里每个地方的水深就不一样了。顺着斜坡往下，坡度越来越大。斜坡上有许多海底泥沙浊流冲刷形成的峡谷，在坡脚还形成了特殊的海底冲积锥。

明白了。大陆外面镶嵌着一圈大陆架，大陆架外面镶嵌了一圈大陆坡。大陆坡外面，才是真正的海底盆地。

大洋盆地可不是一马平川的海底大平原。在它的怀抱里有海底高原、丘陵、山脉和大大小小的深海平原、深海盆地等。

在世界大洋边缘，特别是包括千岛群岛、日本群岛、琉球列岛、中国台湾、菲律宾等亚洲东部的旁边，还有一连串幽深的海沟，结构就更加复杂了。

最深的海沟是马里亚纳海沟，它是世界上最低的凹地。南北延伸 2550 千米，最宽处约 70 千米，两边陡崖壁立，和南、北极点以及珠穆朗玛峰合称为“世界四极”。

大西洋海底山脉

从前，人们认为海底是平的，好像是大盆子的底部。1873年，英国“挑战者号”调查船环球考察的时候，使用测深锤测量北大西洋的深度，发现这个大洋中心居然有一个地方比两边都高，好像是一条神秘的海底山脉。

1925–1927年，德国“流星号”调查船用回声探测仪详细测量，终于探明了在深深的大西洋底，有一条17000千米长的大洋中脊。它随着大西洋本身的“S”形弯曲，也同样呈“S”形弯曲。

第十三章

岛屿的出生卡

你瞧，海上散布着许许多多岛屿。有的大，有的小；有的高，有的低。有的大得不得了，小的有的只有一个巴掌大。有的高高耸起像一座山，有的平平躺在水波上，似乎一排大浪涌来就会被一下子吞掉。

请问，这些大岛和小岛都是同样的来历，它们是一个“妈妈”生下来的吗?

不，它们有不同的出生卡，不是一个模子里出来的。

咱们国家不仅是大陆国家，也是了不起的海洋国家。在祖国广阔的领海怀抱里分布着各种各样的岛屿，其种类非常齐全。

说起我国的岛屿，首先就得提起台湾岛和海南岛。它们一个是“岛老大”，一个是“岛老二”。

你看，台湾岛上有雄伟的中央山脉，海南岛上有巍峨的五指山。起伏不平的山地和丘陵，几乎布满了全岛。岛上简直和大陆风光一模一样。

为什么它们给人的感觉不是岛屿呢？让我们借用两句古诗来

解释："不识庐山真面目，只缘身在此山中。"不识台湾、海南岛的真面目，只因为身在此岛上，看不清它们的全貌啊！

是的。初来乍到的客人抬头一看，觉得这儿简直就是一派熟悉的大陆风光，压根儿就和岛屿这个词儿对不上号。

说对了，它们原本就是大陆的一部分，后来中间生成一道海峡，才和大陆分隔开，成为东海和南海上的两个大岛。

请问，这是什么岛？它们的出生卡写得明明白白，这就是不折不扣的"大陆岛"。

舟山群岛也有一张相同的出生卡。

仔细看这个群岛，在海上排列成好几个岛链。原来这就是大

在飞机上鸟瞰台湾绿岛

陆山区的一条条山脊，若和大陆岸上的山脊线连接，可以看出二者的地质构造完全一个样。它是海面上升后才和大陆分开的，同样也是“大陆岛”。

中国的“岛老三”是长江口的崇明岛。

这个岛上没有山冈，甚至找不到一块石头。岛上铺满松软的泥沙，地形非常平坦。有趣的是它还在不断长大，面积也在悄悄变化。

咦，这是怎么回事儿？

原来它是长江泥沙淤积而成的，叫作冲积岛。崇明岛在唐朝还只是一个小小的沙洲，之后经过不断淤积才有了后来的模样。如今它的面积仅次于台湾岛和海南岛，已经成为我国的第三大岛和最大的沙岛了。

离海岸很远的海上，也有同样的冲积岛。我国的南沙群岛就有许多水上和水下沙洲，都在我们神圣的领海中。海上没有大江大河，哪来的泥沙呢？原来它是由海水从附近的珊瑚岛和珊瑚礁上带来的珊瑚沙堆积而成的。

陆地上有火山，海上也有火山，我们把海上火山喷发形成的岛叫作火山岛。它们大多分布在远离陆地的大海上，有的孤零零，有的排列成串。

广西北海市南边几十海里的地方，南北排成串的涠洲岛和夕阳岛就是火山岛。信不信由你，涠洲岛的港口就是一个半露在水面的圆弧形火山口，背后的陡崖堆积着厚厚的火山灰。一艘艘渔船从火山口里进进出出，不由得使人产生一种特别的感觉。这里是有名的旅游景点，不管谁来到这儿，都会忍不住咔嚓拍一张照片。

温暖的南海上，还有许多珊瑚岛和珊瑚礁。海中美丽的珊瑚是各种各样海洋生物栖息的好地方。

有的小岛距离大陆很近，甚至和大陆之间藕断丝连。潮水退下去的时候，人可以踩着刚刚露出水面的湿漉漉的路，啪嗒啪嗒地走来走去，真好玩。

这种岛是陆系岛，也可以算是一种特殊的“大陆岛”。根据它和大陆的连接关系，又可以细分为以下两种类型。

一种是正在发育中的陆系岛。涨潮时和岸边分离，落潮时可以通行。辽宁省锦州市海边的笔架山就是这样的。落潮的时候，人可以沿着一条低矮的沙堤走上岛去。此山是当地一个有名的旅游景点。

另一种是发育完成的陆系岛。不管涨潮、落潮，都和陆地岸边紧紧联系在一起，已经完全成为陆地的一部分。人们在联系陆地的沙堤上，修造了许多街市，还可以开着汽车来来往往呢。山东省烟台市的芝罘岛就是这样的陆系岛。

小卡片

珊瑚岛和珊瑚礁

建造珊瑚岛礁的珊瑚虫非常娇气，对生活环境非常挑剔。它怕冷，也怕热，只能生活在水深小于 50 米，阳光和氧都很充足，海水纯净，含盐度正常，水温在 20°C 左右的浅海里。所以珊瑚岛礁大多分布在南北纬 30 度之间的热带、亚热带海洋上，有“海洋中的热带雨林”的美誉。

它们有的分布在大陆架上，有的在大洋中心的海底火山堆上，主要集中在南太平洋和印度洋。

珊瑚礁有岸礁、堡礁和环礁三种类型。

岸礁又名裾礁，它紧紧挨靠着海岸，好像是一圈天然防波堤，保护着海岸不受波涛冲刷。

堡礁环绕在一座孤岛四周，中间隔着一片湖或者海面。有时还有一块块零零星星的珊瑚礁分布。

环礁中间没有小岛，只有一个潟湖。湖水比较浅，也非常平静，和外面汹涌的大海形成鲜明的对比。

世界上最大的珊瑚礁群是澳大利亚东北岸外的大堡礁，绵延伸展约 2000 千米，平均宽 50 ~ 60 千米，最宽处 240 千米，最窄处仅 19.2 千米，面积 20.7 万平方千米，水深 35 ~ 70 米，气势宏伟壮观。这里有 400 多种珊瑚，1500 多种鱼类，300 万只海鸟，还有包括绿色海龟、巨蛤在内的多种珍稀海洋动物，是科学研究和旅游观光的好地方。

澳大利亚心形珊瑚礁

崇明岛名字的变化

唐代初期，崇明岛只是两个小小的沙洲。在水流的影响下，其位置和大小都很不稳定，一会儿出现，一会儿又悄悄消失了。因为它有这个鬼鬼祟祟的脾气，所以叫作祟明洲。

后来长江带来许多泥沙，祟明洲逐渐淤积变大。因有人居住在此，渐渐受到人们关注。五代时期这儿设立了一个小镇，因为“祟明”不好听，岛名就改作崇明岛了。从“祟明洲”到“崇明岛”的名字变化，十分形象地阐明了这种冲积岛的发展特点。

崇明岛日落

幽灵岛事件

大海上有一种特别的幽灵岛，一会儿出现，一会儿消失，神秘极了。

1831 年 7 月 10 日，一艘意大利轮船经过地中海西西里岛附近，突然看见海上冒出一股高高的水柱。这可不是一般的水柱。据这艘船的船长和水手们目测，其直径大约有 200 米，简直像是从水下突然冒出来的一幢大楼，看得大家目瞪口呆，不知道是怎么回事儿。

使人更加惊奇的事情还在后面呢。想不到这股水柱像是魔法师，转眼间又变成了一股黑色的烟柱，一下子腾起 500 多米高。海上顿时烟雾滚滚，似乎整个水面都燃烧起来了。

啊，这可不是一件小事。船长立刻测出了它的位置是东经 12° 42′ 15″、北纬 37° 1′ 50″，并将其记录在航海日志上。

8 天后，这艘轮船又从这里经过。船长和水手们怀着极大的兴趣，想看一下当初冒烟的地方还有没有什么新情况。不看不知道，一看吓一跳，想不到这儿竟出现了一座从来也没有见过的新岛。

他们看花了眼睛吗?

不，他们绝对没有弄错。这个小岛已经露出水面好几米高，岛上还在丝丝袅袅冒着蒸汽呢。

船长重新在航海日志上记录了一笔，同时按照航海常规，再次把这个小岛标绘在海图上。由于从前谁也没有见过它，船长暂时给它取名无名岛。按照它的大小，说它是一块礁石也没有什么不对。

这个小小的礁岛是怎么生成的？从一切征兆分析：它是由水下火山活动造成的火山岛。

这艘轮船是经常行驶这条航线的，所以有机会随时观察它。船长一笔一笔认真记录了火山岛的变化情况。一个月后，这座无名小岛好像被注入了特殊的催生剂似的，已经有 60 多米高了，围绕一圈大约有 4.8 千米长。这已经不是一块无足轻重的礁石，而是一座很大的岛屿了。为了进一步掌握情况，船长命令停船调查。只见岛上布满了纺锤形的火山弹、火山渣和火山灰，没有任何动植物和其他生命迹象。船长意识到它的重要意义，立刻向自己的政府报告。

由于这里来往船只很多，别的国家的船只也发现了它，各自向本国政府报告，就这样，这个岛一下子就成为新闻报道的焦点。除了意大利，英、法、德等国也先后派专家前往勘查测量，研究它的军事及民用价值。英国动作最快，立刻给它取名费迪南德岛，宣布属英国所有。

英国可以这样做，别的国家就不可以吗？其他各国也纷纷提出主权要求，甚至派出军舰巡逻，或者提出外交照会。结果争吵成一团，谁也不让谁。

那么，在这场争吵中，谁取得了最后的胜利呢？说来有趣，正当各国政府剑拔弩张时，这个事件的主角却像是害怕吵闹似的，渐渐变了样子。

到了当年的 9 月 9 日，小岛生成后还没有满两个月，它一下子缩小到原来的八分之一。又过了两个月，它招呼也不打一个，就消失得无影无踪了。争论得面红耳赤的人们觉得没趣，只好一个个偃旗息鼓收兵回营。时间久了，人们也渐渐把它遗忘了。

第十四章

海进和海退

大海，总是起伏动荡个不停。它似乎是一个永远也不肯安静的精灵。

你可知道，大海是怎么个动荡法呢？

千万年来，在它的悠久历史中，就仅仅是潮进潮退小打小闹地沉浮起落吗？

不。在它漫长的生命过程中，还曾经大幅度前进后退、高涨又低落呢。

请你把目光转移到遥远的地质时期吧。那时候的起落进退变化，可不是什么风的吹拂以及别的细微因素所造成的海平面短时间、小范围的变化。

那得从更加宏观的角度来观察——由于地壳升沉、气候变迁，整个地球范围内有了长时间、大范围的变化。

古时候，人们就发现了“沧海桑田”的现象。以一个地区来说，海为陆，陆为海，不知互换了多少回。

你看，北京西边的群山里，就有遥远地质时期留下的石灰岩分布。这就是那里昔日是海洋的证据。

你看，黄海海底发现过象化石，岂不是从前曾为陆地的证据吗？

地球有46亿年历史，海平面不知变化有多大。我们不扯太远了，说什么遥远的古生代、中生代的海陆分布。只看最近10万年以来，我国东部沿海的海平面变化吧！

大约在10万年前，第四纪的倒数第二次冰期结束后，全球进入了温暖的间冰期阶段。冰川大量消融，从而引起海平面上升，淹没了华北平原和苏北平原许多地方，沧州地区也被海浸。

大约在7万年前，最后一次冰期来临。世界大洋的海面下降了100多米，海水退出了渤海盆地和黄海、东海的大部分地方。原来是波涛汹涌的大海，这时露出了干涸的海底，并形成一片片广阔的森林、草原，成为一群群动物活动的地方。海岸线一直推到今天韩国的济州岛附近，长江则远远流到日本冲绳海槽才入海。人们在浙江打钻发现，当时该地区海平面大约下降了70米。

到了距今4.5万年前，气候又变暖和了，并发生了新的海浸。海水一直淹到河北省中部的献县一带，叫作献县海浸。不用说，渤海、黄海和东海又是一片汪洋。

大约在1.8万年前，是最后一次冰期的第二阶段，海平面又下降了150米。整个黄海成为一片大平原，喜欢寒冷的披毛犀、猛犸象到处出没，一直迁移到日本的北海道。古人类也从华北出发，把细石器带到了日本。东海也变成了平原，古人类迁移到了台湾。在这个时候，大批古人类也沿着白令陆桥进入了北美洲。

大约在1万年前，进入了冰后期，气候重新变得温暖潮湿，冰川消融。因此海面上升，发生了黄骅海浸。

四川瞿塘峡出土的古象化石

后来在 8500 年前、6800 年前，都曾经发生了新的海浸。

我们关心的是未来海平面的变化将会对人类生活造成多大的影响。大家应该知道，除了不可抗拒的自然因素，不合理的人为因素也会影响海平面的升沉变化。科学家预言，如果人们不注意控制二氧化碳的排放量，气温将会在温室作用下提高，使两极和高山的冰川融化，导致全球海平面上升。

在这种情况下，未来海平面将会上升多少呢？科学家的估计不一样。1985 年在奥地利维拉赫开的一次会议认为，如果大气里的二氧化碳增加一倍，全球地表平均温度就会升高 1.5 ~ 4.5℃，海平面相应上升 20 ~ 140 厘米。这个问题非常重要。后来又估算了好几次，最后在 1995 年的一次会议上，大家一致同意到 21 世纪末，全球海平面将上升 30 ~ 90 厘米，上升 50 厘米最有可能。

海平面上升 50 厘米，将会造成什么影响？请你翻开地图仔细看一看就明白了。

今天世界上大多数人和主要的工农业生产基地都分布在沿海低平原上，有的地方地势非常低洼。荷兰国土面积的三分之一左右低于海平面，大片低地只能依靠筑堤保护。太平洋和印度洋上还有许多岛屿的地势也很低，一些珊瑚礁岛屿海拔最高也不超过两米，在 1 米以下的不少。未来海平面上升一丁点儿，带来的灾难性后果就可想而知。一些大洋岛国将会彻底消失，包括纽约、上海、东京在内的许多城市将会变成汪洋大海，涌现出一批批特殊的环境难民。

海平面仅仅上升 50 厘米算得了什么？随着世界气候自然发展，加上人类自己干的傻事，若使南北极地区的冰川统统融化掉了，人类面临的灾难还会更大。科学家计算，仅仅是南极冰盖全部消失，就可以使全球海平面升高 5 ~ 6 米，沿海大部分平原就会彻底淹没。人类受到的损失，将比历史上所有的战争加起来还大。

让我们好好爱护环境吧，千万别让那一天来临。

阿姆斯特丹机场的特殊标识

我第一次到荷兰的阿姆斯特丹机场时，抬头看见一根奇怪的标志杆，活像一根笔直竖起来的尺子，周身刻着许多刻度，似乎是为了丈量什么东西用的。我站在下面，还没有它的一半高。

仔细一看，只见高高的杆顶有一只小小的古代多桅帆船；下面每隔一米，钉着一条木头鱼，总共有 4 条木头鱼。不知道是什么意思。

这不是广告牌，也不是指路的标志，而是海平面往下计算的高度标志。眼前这个机场的地面，在海平面 4 米多以下。幽默的荷兰人用这个非常形象的办法，提醒旅客此处的海拔。如果海水浸漫过来，人们就会变成鱼儿了。

第十五章

海拔、海拔

请问，著名的五岳有多高？

测量部门报告：东岳泰山海拔 1532.7 米，西岳华山海拔 2154.9 米，南岳衡山海拔 1300.2 米，北岳恒山海拔 2016.1 米，中岳嵩山海拔 1491.7 米。

这儿不停地说“海拔”“海拔”。

请问，“海拔”是什么意思？

海拔就是从海平面算起的高度。

不说还好些，这么一说，可真有些糊涂了。

谁不知道，海平面不是坚硬的地面。别说滔天的海浪、早晚的潮汐，就是没有风的日子，大海也总是动荡不定的。俗话说“无风三尺浪”，就是这个意思。有人问：那为什么要用这么不安分的海平面作为测量的标准呢？

问得有道理。但是，不用它，又能用什么做基准呢？

没办法！实在没有更好的办法。到今天为止，不管山高水深，都只能用海平面作为起算的基准。

你想知道水有多深?

请你就从水面一直往下测量吧。内陆的河湖有多深，从当地水面往下测量。要想知道大海有多深，就只能从海平面算起了。

你想知道山有多高?

这包含了两个意思:

第一，说的是这座山，从山脚到山顶有多高?

第二，意思是从海面算起，它到底有多高?

第一种是相对高程，用仪器直接从山脚开始测量就可以了。

这种方法虽然很简单，可是不能和别的山相互对比。

世界上不同的山，山脚起点高度是不一样的，怎么能够相互对比呢?

想要世界上所有的地形都能够对比，只能采用同样的起算点，即用海平面作为基准。

海拔、海拔，就是从海上拔起的高度嘛。

永远不平静的海平面，怎么能作为精密测量的基准呢?

人们采取的是多年平均海平面。经过许多年的观测记录，就能得出比较可靠的数据了。

从前我国把长江口的吴淞海平面作为大地测量基准点，使用了许多年。

这里有长江流过，水情变化非常复杂。为了让测量更加精确，从 1957 年开始，我国的测量部门就开始使用青岛验潮站的黄海海平面作为大地测量的基准面了。以这里作为起点，在广阔的陆地上建立一个个可靠的测量基准点。以后要测量附近的地方，只需要以这个基准点为基础进行测量，就能保证不出错。珠穆朗玛峰和三山五岳的高度，就是这样测量出来的。

这是中国大地测量的起点，其他国家有不同的标准。有的国家用最低的低潮海面，有的则用平均低潮海面。虽然和中国有些差别，但总的来说相差不算太大。不然，同一座高山，同一个湖面，按照不同国家的标准，得出不同的高度，岂不是乱套了？

刘兴诗

—— 著 ——

长江出版传媒 | 长江文艺出版社

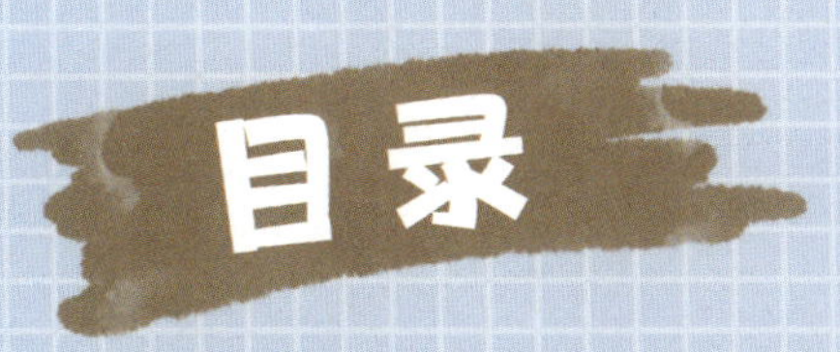

目录

下篇　河流、湖泊、冰川

- 第一章　河水的来源 /002
- 第二章　一江春水向东流 /006
- 第三章　河流的“指纹”和“掌印” /010
- 第四章　河水怎么流 /017
- 第五章　河流的工作 /020
- 第六章　“泾渭分明”和“泾渭不分” /027
- 第七章　跳进黄河洗不清 /032
- 第八章　江上的滩险 /039
- 第九章　洪水位、枯水位 /050
- 第十章　“沱”呀“沱” /054
- 第十一章　都江堰的科学和哲学 /057
- 第十二章　黄河不是“坏孩子” /067
- 第十三章　黄河九曲冰先合 /073
- 第十四章　无定河，游荡的河 /076

第十五章　塞水不成河 /080
第十六章　飞流直下三千尺 /083
第十七章　井水犯河水 /090
第十八章　一层层的地下水 /093
第十九章　山下出泉 /097
第二十章　不见天日的河流 /101
第二十一章　话说湖泊 /104
第二十二章　居延海的教训 /114
第二十三章　可怕又可爱的沼泽 /118
第二十四章　速度比不过乌龟的冰川 /124
第二十五章　尊重自然、爱护自然 /134

后　记 /142

下篇

河流、湖泊、冰川

地是身躯，水是脉络。没有贯串一切的脉络，怎能带动身体、催醒灵魂？

水啊水，浸透了大地，润泽了山林。它好像是奔腾在血管里的血液，维持着生命的律动。

那是一汪汪沉静的湖泊，一眼眼有灵性的清泉，一条条充满激情的河流。就是因为陆地上水的汇集、奔涌，才使大地显得这么有灵性，这么生机勃勃。

第一章

河水的来源

河啊河，天下有这么多河流，日夜不停往前奔流，永远不停息。

河流有的深，有的浅；有的宽阔，有的狭窄；有的波浪翻滚，有的不声不响……

两千多年前，孔老夫子在河岸旁，望着流淌的河水，就不禁叹息：“逝者如斯夫，不舍昼夜。”

是啊！所有的河流不分白天和晚上，一刻也不停歇地流淌着，永远没有尽头。人们会想，流不尽的河水是从哪儿来的？为什么会有这么多？

这问题去问老祖宗吧，没准儿能找到答案。

让我们以黄河为例。

大诗人李白举着酒杯，豪情万丈地说：“黄河之水天上来。”

他说的黄河是一条“天河”啊！

这是浪漫的诗篇，还是确有其事？“诗仙”李白总是醉醺醺的，像是不食人间烟火的神仙，他的话可靠吗？

南北朝时期，北魏地理学家郦道元在《水经注》里说：“昆

昆仑雪山

仑墟在西北，去嵩高五万里，地之中也。其高万一千里，河水出其东北陬。”

这段话到底是什么意思？他接着解释说：“河出昆仑，重源潜发，沦于蒲昌，出于海水。”

仔细分析这段话，其中有一个“潜”字和一个“沦”字，表示黄河是从遥远的昆仑山上流下来的，并在地下潜伏几千里，最后才冒出来，成为一条滚滚大河。

啊！这位古代科学家说的黄河，想不到竟是一条“地河”。

听了古人说的这两段话，没准儿有人会摇头。

整天泡在酒坛子里的李白的话能当真吗？传说他的死也是因为喝多了，跳下水去捉月亮，稀里糊涂送了命。一般人认为，神志不清时说的话不算数。

郦道元呢，没有进过大学，没有学过现代水文学、地质学。他所说的黄河发源于昆仑山下，在地下潜流几千里能信吗？

这两位古人的话，不管你信不信，我可有一些相信。

请不要死抠其中的字眼，说什么科学不科学。如果从大的方面来看，没有什么错误。

李白说的这句话里，如果撇开浪漫的成分，黄河之水天上来，有什么错呢？

浪漫就是浪漫。

换一个思路想，天上来的是雨雪，黄河水难道没有雨雪的成分吗？

李白没有说错。天上的降水，就是普天下河水的一个重要来源。说黄河是一条“天河”，应该没有错。

郦道元说的地下水就是黄河的一个来源，这话错了吗？

昆仑山很长很长，从帕米尔高原一直伸展到青海境内。黄河就发源于青藏高原上，青海省雅拉达泽山约古宗列渠冰川前缘。冰川融水是黄河水起初的主要来源，可是地下水也非常重要。郦道元意识到这一点，说它是“地河”，有什么错呢？

我们的母亲河，伟大的黄河横空出世时，既是“天河”，也是“地河”。大气降水和地下水，是一切河流最重要的来源。

当然，沿途的许许多多支流和湖泊，也是它重要的补给来源。有名的松花江，就是从长白山上的天池流出来的。冰川和湖泊，并不是到处都有。天空下的雨，地下冒出的泉水，才是最普遍的。归根到底，河水最重要的来源，一是天上，二是地下。

李白、郦道元没有错。“天河”“地河”就是河水最重要的来源。

了不起啊，李白！了不得啊，郦道元！

他们观察得细致入微，掌握了天地变化的真理。想不到浪漫的诗篇里，也蕴含着科学道理。

知道吗？荒唐与真知，常常就在一念间，就看你怎么品读了。

真是伟大啊！真是佩服古人的智慧。

作业本

河水还有什么来源？

除了天空中的大气降水和地下水，河水还有什么来源？请你举例说明

第二章

一江春水向东流

河水啊！滚滚滔滔的河水，日夜不停地奔流，到底要流向何方？

听古人说吧！

南唐后主李煜被俘虏后，再也看不见熟悉的长江和江边的石头城了，日夜怀念故国。他流着眼泪写下了悲伤的诗句："问君能有几多愁？恰似一江春水向东流。"

瞧，李煜说长江总是向东流。

他生在江南长江边，长江滚滚向东流始终没有改变。他在另一首词里也叹息道："自是人生长恨水长东。"

是啊！水长流向东方，永远也不会改变。

千古以来，江山永远不改。李煜这样说，别人呢？

杜甫说："天生江水向东流。"

南宋爱国诗人张孝祥说："无情江水只东流。"

长江干流一路向东流，支流也是如此。唐朝李商隐说："嘉陵江水此东流。"

不仅南方母亲河长江这样，北方母亲河黄河也一样。唐朝大

诗人韩愈说："河之水，去悠悠。我不如，水东流。"

请问，为什么包括长江、黄河在内的我国大部分的河流都向东流呢？

说来道理非常简单。常言道："人往高处走，水往低处流。"水往哪里流是受地形的影响。

地理课本上早就讲过，中国地形有三大阶梯。"世界屋脊"青藏高原是第一阶梯，中部的山地是第二阶梯，东部大平原是第三阶梯。长江、黄河都发源于高高的青藏高原，自然就会顺着地形由高向低、从西到东流经三个阶梯，最后流入东边的大海了。这就是"一江春水向东流"的根本原因。

那么，我国的河流都向东流吗？

那才不见得。

新疆的伊犁河、额尔齐斯河都向西流，流到中亚细亚的内陆

雅鲁藏布江源头，马泉河

湖里，上演了一出“一江春水向西流”。同样发源于青藏高原的几条河流，有的就向西穿过喜马拉雅山，再拐一个弯，流到南方的印度大陆，也是“一江春水向西流”。

在云贵高原西部的横断山脉里，一条条江水并排流向南方。怒江流进缅甸，换一个名字叫萨尔温江。澜沧江流进老挝、泰国和柬埔寨，换一个名字叫湄公河。这是“一江春水向南流”。

毛泽东的一首词里就写下了“湘江北去，橘子洲头”。除了湖南的湘江，江西的赣江也是江水北流的例子。在新疆北部的阿尔泰山，也有一条河流往北方。这些都是“一江春水向北流”。

其中，狮泉河源出冈底斯山，往西北流出境后称印度河。

象泉河从西北流入印度。

马泉河是雅鲁藏布江上游的别称。

孔雀河源出博斯腾湖，下游又称库鲁克河。

所以说，不管一江春水向东、向西、向南，还是向北，全都受地形高低的控制。看一看地图上的河流朝什么方向流，就知道当地的地形情况了。

中国是这样，外国河流也是一样的，全都是向着地势低的方向流去。

你看，埃及的尼罗河向北流，美国的密西西比河向南流，巴西的亚马孙河向东流，西伯利亚的鄂毕河、叶尼塞河、勒拿河统统向北流进北冰洋。

你看，欧洲最高的阿尔卑斯山，也有一些大河流出去。多瑙河流向东边，莱茵河流向西边，还有一些小河流向南边和北边流去，顺着地形穿过欧洲大地，流向四面八方。

第三章

河流的“指纹”和“掌印”

天黑了，夜深了，周围看不见一个人。一个小偷鬼鬼祟祟地翻过围墙，溜进一个院子里偷东西。他踩着煤气管爬上三楼，踮着脚从厨房悄悄走进客厅，偷了一大包东西，顺着原路溜掉了。自以为神不知鬼不觉，谁也不知道他来过。

他高兴得太早了。警察跟着他的脚印，很快就抓住了他。

他还要狡辩呢。警察拿出一个个证据，他一下子就傻眼了。

警察有什么证据?

是他在作案现场留下的脚印和指纹啊！这可是他自己的，想赖也赖不掉。

很早很早以前，一条河从当地流过。如今，河水没有了，甚至河身也没有了，所有的形迹几乎都消失得无影无踪。

请问，谁还知道从前这里曾经有一条河流过?

有办法！请“科学警察”来破案！

谁是“科学警察”？

包公老爷?

福尔摩斯？

打一个电话就来的 110？

不，都不是。侦破这个“无头案”的是地质学家。

地质学家在现场一看就明白了。解决这样的问题，对这些“科学警察”而言，是小菜一碟。

俗话说，水过无痕。

真的是水过无痕吗？那才不见得！应该是水过留痕才对。

你看，洪水过后总是遍地泥泞。这些淤泥是从哪里来的呢？就是洪水留下的痕迹啊！

你看，不管是河滩还是海边的沙滩，总有一道道波浪状的痕迹。一边陡、一边缓，好像月牙儿似的，一列列密密地排列着；又像是凝固的波浪，“波峰”和“波谷”都清清楚楚。

这就是水流留下的波痕。

地质学家给它叫作“沙波”。

沙波是怎么生成的？

原来这是沙子铺底的河床。河水往前流的时候，推着河底的沙子不断往前移动，随着水流波动，生成了一道道波痕。朝着水来的方向比较平缓，另一面比较陡，两边形状不对称。如此，就可以推断出当时的水流方向了。

现代水流留下的波痕，外表形状这样明显，那么古代水流的痕迹呢？

这里指的古代，不是春秋战国，不是唐宋元明清，不是历史上有记载、至今还保留得好好的一条条河流所处的时代，而是地形早已天翻地覆、不见原来河形的地质时期。

北京猿人时代。

猛犸象时代。

恐龙时代。

再说远一些，三叶虫时代。

那么遥远的时代！有一句话说："江山易改。"几十万年前、几百万年前、几千万年前、上亿年前的山河形态，早就改变得无影无踪了，怎么能追寻当时的水流方向呢？

地质学家说，有办法！远去的水流消失了，河床没有了，当时松软的沙子，也已经变成了坚硬的砂岩。可是在岩层里能够找到当时水流方向的证据。

一些砂岩表面有外表和河边沙滩上一模一样的波痕。朝向上游的一边平缓，朝向下游的一边陡，只不过已经凝固成岩石了。根据两边的倾斜程度，就可以查明古代的水流方向。

即使没有沙波这样的表面形态了，岩层里一层层斜层纹理也能清楚指示当时的水流方向。

细细的河沙是这样，大一点的鹅卵石呢？

也是有排列规律存在的。

一般来说，一些扁平的鹅卵石，总是顺着水流有特定的排列方式。鹅卵石的倾斜面朝着上游，另一面就是下游方向。一块斜压着一块，好像屋瓦一样有规律地排列着。地质学家给它取了一个名字，叫作叠瓦状构造。当然，在复杂的水流中会有个别例外的情况。地质学家就在固定的范围内，例如一平方米之内，测量所有扁平鹅卵石的倾向，标记在一张水平坐标图上，就能判定出当时水流的真实流向了。

说一件我亲身经历的事！

20 世纪 60 年代，成都市自来水公司在青羊宫附近锦江河边的一个新开挖的水池基坑内，发现了一个巨大的北宋时期的石头水磨。水磨埋藏在厚厚的鹅卵石层中，又大又重，今天的锦江水绝对不可能冲动。考古学家不明白，邀请我前往考察。

这是地质学的问题。我根据一个个鹅卵石的直径大小、砾石扁平面倾斜方向和其他沉积环境的特征，恢复了当时河床的宽度、水流方向，以及局部涡流状况，并计算出大致流速和流向，从而得知当时的水流远比今天大，流速也快得多，完全可以带动巨大的水磨。不同学科的工作者相互配合，很容易就破了这个“无头案”。

菜园坝长江大桥倒映在干枯的长江河流上，河床露出鹅卵石

如果我们把前面讲到的河流活动留下的痕迹称为“指纹”，那么河流还留下了特殊的“掌印”呢。

“掌印”比“指纹”大得多，这是怎么回事儿？

这是许多相关的河流共同组成的河网的外形。

哦，明白了，河流的“掌印”，就是河网的形状啊！

孩子们，请跟我一起翻开地图，看一看不同河网的“掌印”吧！

让我们先看四川盆地里的河网到底是什么样的“掌印”。

你看，长江从西向东穿过整个四川盆地，它大大小小的支流从四面八方流来。

岷江、沱江、嘉陵江从北边来，赤水河、乌江从南边来，一起流到盆地中央，汇入长江。

这就是一种富有特色的水网，叫作向心状水系。

想一想，为什么一条条河流会流进盆地中央？这岂不是反映出盆地四周高、中心低的地形特点吗？

再仔细一看，北边几条支流很长，南边几条支流很短，又透露了什么信息？

表示这个巨大的盆地不是对称的，必定北边缓、南边陡，最低的地方偏向南边。所以北边的岷江、沱江、嘉陵江很长，南边的赤水河、乌江很短。长江就在盆地的偏南边。这是一种南北不对称的水系。

请你再看，岷江从成都平原西边的都江堰流出，水流一下子散开来，生成了一个巨大的冲积扇，好像是一把扇子，这是扇状水系。两千多年前李冰修建的都江堰，就利用冲积扇上分散开的扇状水流发展自流灌溉，造就了号称“天府之国”的成都平原。

和成都平原只隔着一座龙泉山的沱江，河网外形又是另外一个样子。两边的支流对称伸展开，好像树枝一样，叫作树枝状水系。为什么是这个样子呢？原来这里是水平岩层地区，地表抵抗侵蚀的能力一个样。加上岩石非常松软，很容易被水流冲刷。沱江大大小小的支流向四周自由自在地伸展开，就生成了这种结构均匀而又对称的水系特点。

再看看黄土高原。这里的许多河流与冲沟组成的水系似乎和树枝状水系有些相似，却又有些不同。河流两边的支流又短又小，斜斜地平行排列着，好像鸟儿的羽毛一样，叫作羽毛状水系。

原来这不仅是因为黄土容易侵蚀，还因为河流两边的地形陡峭。从两边伸展下来的冲沟，流进河流，相互组合在一起，就生成这种罕见的水系了。

让我们把目光再转向云南省的西部。只见怒江、澜沧江、金沙江从北向南平行排列着，好像赛跑似的一起向南奔流，各自在自己的“跑道”里，谁也不挨着谁。

原来这里是有名的横断山脉。一条条河流中间隔着一座座大山，两山夹一河，形成了特殊的平行状水系。

在火山周围，河流向四周散开，生成了特殊的放射状水系，中央拱起的穹窿构造，生成一座馒头状的山包，周围流的小河也是放射状的。

还有的地方，河流转弯好像士兵操练一样，十分机械地向左转、向右转，主流和支流排列成方格子，这是格状水系。因为河流沿着两组垂直交叉的裂隙流动，所以变成这个样子。

形形色色的水系，透露出大地的秘密。地质学家仔细研究水系的外形，就像警察察看指纹和脚印破案一样，能够弄清楚当地的地形和地质构造的特点。

水系、流域、分水岭（线）

水系是一个流域内河流的干流和支流共同组成的体系。

流域是分水岭或者分水线所包围的河流汇水范围。

分水岭和分水线是隔开两个流域的界线。如果是山岭就叫分水岭，没有明显的山岭就是分水线。例如秦岭、大别山是黄河与长江流域的分水岭，南岭是长江与珠江流域的分水岭。

第四章

河水怎么流

河水怎么流?

顺着河床一直往前流。

是像运动场上画了一道道白色线条，规定了固定的跑道，每个运动员都只能在自己的跑道上往前跑，不许插进别人的跑道吗?

才不是呢！河床不是运动场，一股股河水也不是运动员，必须遵守规矩，只能在自己的跑道上往前跑。

河水好像杂技团的演员，不是笔直往前流，而是翻着跟斗、打着圈子往前流。说得直白些，就是螺旋形似的往前流。

运动员怎么跑，必须听裁判的；河水怎么流，也得听指挥。

谁指挥河水流动呢？它不是一般的裁判或指挥官，而是一位看不见的“物理学老师”。说得更具体些，是一位“流体力学老师”。

说得太玄乎了。别用什么“流体”，再加上“力学”的名词吓唬人。其实说白了，就是水顺着惯性往前流的意思。

如果是一条条笔直的河床，从理论上来讲，一股股河水基本也是顺着河床笔直往前流的。这样的模式非常简单，也很容易理解。

黄河大拐弯

可是……

世界上有许许多多的事情，往往就在“可是”这个词儿的后面变了样。

可是什么呢？

可是大自然的环境里情况很复杂，哪有一点也不转弯的河流啊！

河床一转弯，河水流动的轨迹就会变样。

从惯性的角度来说，河床转弯，一股股河水可不会立刻跟着转弯。水流还会笔直往前冲，一下子就冲击到转弯地方的凹岸，产生了一种特殊的侧向侵蚀作用，使凹岸逐渐后退，河流形状和泥沙运动也跟着发生改变了。

这会有些什么变化呢？

首先，水流受到凹岸阻挡，不得不改变方向，朝着对面的凸岸流过去。

紧接着，凹岸侵蚀的泥沙，就会被带到对面的凸岸堆积。慢慢越堆越多，生成一个河边的沙滩。

随着凹岸不断后退，河流越来越弯曲，如果在冲积平原上继续发展下去，就会逐渐发展成为一种特殊的自由曲流。经过截弯取直后，河水沿着新河床继续往前流，老河床形成了特殊的牛轭湖。

弯曲河段如此，顺直的河段怎么样呢？

我们在前面说过，河水不是像直线一样往前流，而是以一种螺旋形水流向前流，在顺直河段内，由于水流和两岸摩擦的影响，河心水面常常比两边高一些，生成了两个看不见的水内环流。表层水慢慢冲向两岸，冲刷的泥沙由底流带到河心水下堆积。慢慢越堆越多，形成一个个水下暗滩，逐渐增高露出水面，就成了河心沙洲。

第五章

河流的工作

河流永远不知道疲倦，日日夜夜都在工作，一分钟也不休息。

是啊！你在工作，它也在工作；你在吃饭，它也在工作；你在呼噜呼噜睡大觉，它还是在不声不响地干活。

你听说过河流有什么双休日、春节长假吗？

如果那样，河流就不叫河流了，得改个名字，叫作“河不流”，或者“一会儿流，一会儿不流”。

河流这个词儿太模糊了，应该说是河床里的流水才对。

地质学家说，河水的工作就是河流的地质作用。

河流的地质作用分为侵蚀、搬运、堆积三个方面。

河流怎么侵蚀？严格说，除了河水本身的水力作用，还包括溶蚀和磨蚀两种其他的作用。

河流的水力作用，就是河水本身对泥沙的冲刷。别小看了似乎很柔弱的水。它日夜不停地冲刷着松散的泥沙，不冲垮两边的泥沙河岸才怪呢。不信，你拿着一根水管，对着一堆沙子冲，不一会儿，就可以看见结果了。

黄河小浪底水利枢纽，排洪泄沙全景图

河流的溶蚀作用是怎么回事儿？

那是一种溶解的方式，要看河床岩石的溶解度，以及包括水量、水温、pH 值等河水本身的因素。岩石溶解度越大，水量越大，水温越高，pH 值越小，则溶蚀强度越大。例如炎热的广西，溶蚀作用非常明显。

这是怎么回事儿？这就是化学作用嘛。想一想，如果是经不住化学作用的石灰岩等，几十年、几百年，甚至几十万年地浸泡在化学溶剂里，还不会被泡得面目全非吗？

世间哪有金刚不败之身。谁扛得住漫长岁月的腐蚀呢？

磨蚀的作用呢？

这是河水挟带着泥沙和砾石对河床的冲撞、磨损，其力量远远大于水流本身。想一想，湍急的水流，带着无数像炮弹一样大大小小的砾石，朝着河岸和河底冲撞，一分一秒也不停息。这简直像是不间歇的排炮轰击，这样轰，马其诺防线也会被轰垮。河

流的这一招，实在太厉害了。

当然，这和它的力气大小有关系。一条小河沟，自然比不上波涛汹涌的长江、黄河。如果和一条像模像样的大河过招，不管多么坚硬的山石也招架不住。“柔能克刚”，在这里得到了最好的体现。

河流侵蚀是全方位的。仅仅这样顺着来、横着来，从水平方向对河岸的侧蚀作用还不算，它还有了不起的下蚀本领。

什么是下蚀？就是往下切割。

你知道吗？水也会像一把刀，不断往下切割，能够把河底侵蚀得很深很深。特别是在地壳抬升的山区，顺着地壳升起，河流就不断往下侵蚀，会把河底切割成“V”形，这是山间河流的一种特征。

山西碛口古镇黄河画廊

你想知道地壳上升，河流怎么下切的吗？让我们来做一个有趣的模拟实验吧！

请你一只手托着一块豆腐，另一只手拿着一把刀。拿刀的手不动，托豆腐的手慢慢往上抬起来。刀刃就自然把豆腐切开，越切越深了。想一想，这岂不就像是地壳慢慢上升时，河流自然而然往下切割的过程吗？

河水还会打旋儿，能卷着砾石往下猛撞猛钻，不管多么硬的岩石也抵挡不住。砾石好像锋利无比的钻头，把原本还算光滑的河床底部，钻得乱七八糟。特别是在一些水流湍急的山溪里，这种情况更加明显。水退后露出的河底，布满了坑坑洼洼的孔穴。因为这些孔穴的剖面轮廓，如同一个个茶壶的模子，所以根据这种特殊的形态，地质学家就把它叫作“壶穴”。俗话说：“铁杵也能磨成绣花针。”坚硬的石头也经不住坚持不懈的研磨。

这原本是山区河流生成的一种常见形态，一点也不稀奇。可笑的是一些神经过敏的人，不懂河流动力学，也没有见过太多的现代冰川，竟一口咬定这是第四纪古冰川留下的证据。甚至在地势接近海平面，炎热的广州附近，发现了这种现象，竟也煞有介事地宣布：这里有古冰川活动。真是叫人笑掉大牙。

河流既会太极拳，也会八卦刀，可真的算得上是十八般武艺样样精通。甭管是力拔山兮气盖世的西楚霸王项羽，还是关云长、张翼德、打虎好汉武二郎、豹子头林冲……谁是它的敌手？谁敢和它过招？

知道吗？世间至柔莫过于水，世间最刚也是它。

那么，河流的搬运作用呢？

这个很复杂，因为河水搬运泥沙，不仅有机械搬运，还有化

学搬运——也就是溶蚀作用后带走溶解的物质。请别小看它，仅仅长江在1958年这一年里的溶运量就有17790万吨。

这是上亿吨的运量啊！如果改用火车运输，得装多少车皮啊！

河流的机械搬运能力和被搬运的物体大小、河流流速有关系。有悬移、推移、跃移三种运输方式。物体越小，流速越大，搬运能力也越大。反之，物体越大，流速越小，搬运能力就越小。悬浮运输的物质主要是细小的泥沙。在河底堆着往前走，或者跳跃前进的，主要是比较大的砾石。

说白了，这就是小的泥沙可以卷起来，悬浮在水里带走；大的鹅卵石和其他石块只能在河底堆着，或者骨碌碌地滚着往前走；有些半大不小的小石子和粗沙粒，可以一会儿被水流卷起，一会儿又落下去，好像跳着蹦着前进似的。

听说过“大浪淘沙”“江流石不转”这些句子吗？说起来都和河流的机械搬运作用有关。

你见过一些工厂车间里的流水作业吗？根据一些特殊要求，传送带边的工人不停地分选产品，或者加工各种各样的产品。河流也是一样的，在搬运过程中，也会分选和加工呢。

河流在搬运的分选作用和流速大小有关系。流速大，就能带走比较大的颗粒；流速小，就只能带走小颗粒了。

河流搬运过程中，怎么对被搬运的物体加工呢？

那就是冲啊，磨啊！不管多么坚硬的石头，也经不住这样冲磨。石头磨光了表面和棱角，变得非常光滑。我们在河滩上看见的许许多多光滑的鹅卵石，就是这样被磨圆、磨光的。

话说到这儿，没准儿有人会问："水就是水，怎么能磨掉石头的棱角呢？我们天天洗脸，也不会把鼻子磨掉啊！"

怎么能这样比？河水可不是干干净净的矿泉水，它夹带着许多沙子，好像是一种特殊的"砂纸"，当然能够磨光石头了。如果咱们的洗脸水里也有沙子，不把鼻子磨破一块皮才怪呢。

那么，河流的堆积作用呢？

这就像咱们搬一个很重的东西一样，搬不动了就放下来呗。不同的地方，不同的流速，堆积得也不一样。

山区河流流速大，好像是大力士，许多细小的泥沙和小石头都能裹挟带走，堆积下来的主要是比较大的砾石。

平原河流流速小，好像是幼儿园的小孩子，甭说大石块，有时候连小小的鹅卵石也搬不动，只能冲带泥沙，堆积下来的也就是泥沙了。

pH 值

说得简单些，pH 值表现的就是水的酸碱性。pH 值越大，碱性越大；相反，就是酸性越大。7 是中间值，表示不偏酸性，也不偏碱性。

砾石磨圆度

根据砾石的磨圆程度，可以分为滚圆状、次圆状、次棱状、棱角状 4 种。滚得越圆的，一般来源越远。地质队员就能根据砾石的磨圆程度，分析它们的来源远近了。当然，这也和砾石本身的硬度有关。有些石头本身就不太硬，搬运不远就磨圆了。有的很硬，就不太容易磨圆。

第六章

“泾渭分明”和“泾渭不分”

有两个成语，我们经常在嘴边提起。

一个是“泾渭分明”，说的是是非黑白很分明，不会稀里糊涂混为一谈。

一个是“泾渭不分”，说的是是非不清、黑白不明，稀里糊涂混在一起。

如果说谁办事泾渭分明，那是好事。泾渭不分就不好了。

这两个成语是怎么来的？谁先出现，谁后出现的呢？泾啊渭啊的，说的是什么东西？

泾渭是黄土高原上的两条河。渭水是黄河的支流，泾水是渭水的支流。黄河、渭水、泾水，好像就是姥姥、妈妈和女儿的关系。

从前渭水浑浊，泾水清澈，在汇合的地方看得清清楚楚，所以就有了“泾渭分明”的说法。

这种情况具体发生在什么时候？

最早提到它们的是《诗经》。其中的《邶风》部分，有一首叫《谷风》的诗描述说：“泾以渭浊，湜湜其沚。”

这句话文绉绉的，今天的孩子不明白。请你去问一问语文老师吧，这到底是什么意思？

语文老师解释说:“‘湜湜’是水很清，可以一眼看到底的样子。说的是由于渭水实在太浑浊了，泾水流进了渭水，它原来清亮的样子就再也看不见了。我们常用的这两个成语，就是从这两句诗进一步发展而来的。”

从《诗经》描述的来看，显然是先有“泾渭分明”。泾水清、渭水浊，以前确实是这样的。

真的永远是这样吗？

让我们再听听科学家的话吧！

科学家说，这两个成语变来变去，经历过好几个回合。最早不是泾渭分明，而是泾渭不分。

难道《诗经》里说的不对，泾水和渭水一个样，原来也是浑浊的？

不，谁告诉你泾渭不分，必须统统是浑水？如果都是清澈的，算不算另一种泾渭不分呢？

原来是这样啊。口说无凭，有证据吗？

当然有科学证据了。

科学家不管人们怎么议论这两条河谁是浑水、谁是清水的问题。他们从当地的黄土层里采集古代孢子花粉分析，恢复了这里的远古自然面貌。原来，从前这里不管是渭水，还是泾水沿岸，到处都是一片茂密的森林草原，和今天看见的光秃秃的黄土山包，到处冲沟纵横和破碎的黄土塬面大不一样。流淌在森林草地里的泾水和渭水都很清澈，压根儿就没有什么“清”“浊”之别。那时候，两条河水都是清澈的，有什么好分的呢？当然就是“泾

泾河落日

渭不分”。

需要特别指出的是，这种最早的“泾渭不分”不是浑水，而是清水，和后来的“泾渭不分”大不相同。这是多么美好的“泾渭不分”啊！

这两条河的河水变浑，都是因为后来人们干的蠢事。

随着时代发展，人们首先在渭水流域砍伐森林进行农业开垦。自然植被一天天被破坏，就不可避免地引起了水土流失。渭水变浑了，泾水还是清的，于是就出现了《诗经》里所描述的那种“泾渭分明”的情况。

请注意，这是泾水和渭水流域自然环境演变的第二阶段。“泾渭分明”这个成语，就是在这个时候出现的。

但这样的情况并没有维持多久。随着泾水流域开始乱砍滥伐，当地的森林草原被破坏，水土流失也和渭水同样严重，泾水很快也变浑了。《诗经》时代的“泾渭分明”，一下子变成了新的“泾渭不分”。

那时候泾水的泥沙到底有多少？根据《汉书·沟洫志》的记载：“泾水一石，其泥数斗。”一石等于十斗，也就是说这时候水里的泥沙，已经占有十分之几了，简直就是一河黄泥汤。

所谓真正“泾渭分明”的时间，其实在整个泾水和渭水的历史中是非常短暂的。今天我们还死死抱着早就过时的“泾渭分明”和“泾渭不分”的概念，这样那样评论，实在太可笑了。

这就是这里自然环境演变的第三阶段。不管渭水还是泾水，统统是浑水，成为新一代的“泾渭不分”，一直延续到现在。

看着这样糟糕的泾渭不分，人们不禁摇头叹息，什么时候还能出现《诗经》里的“湜湜”清水呢？

这是不敢想象的期待吗？

不。只要按照科学规律做事，一切都有可能。人们过去干的傻事，还能用自己的行动改变过来。

20 世纪 50 年代初期，科学家在水土流失特别严重的甘肃省西峰镇的南小河沟，开展了植树造林和各种水土保持的工程。几十年过去了，如今谁再到这儿来，都不会相信自己的眼睛。昔日光秃秃的黄土坡，已经绿树成荫。从这儿流出来的河水，也变得清澈了。在它流进另一条河的地方，已经变成了新的“泾渭分明”。

一条南小河沟可以变成这样，那么整个黄土高原也能变成这样吗？

当然可以啊！只要大家认真保护环境，开展植树造林，不怕麻烦和艰苦，修建起必要的水土保持工程，就能使所有的河水全都清澈，昔日早已消失的最早的“泾渭不分”，一定会重新出现在人间。

“泾渭不分”“泾渭分明”这两个成语的形成和演变，包含着非常深刻的环境变化的意义啊！

作业本

“泾渭不分”“泾渭分明”的含义

为什么说“泾渭不分明”“泾渭分明”这两个成语不是固定不变的？随着环境的改变，前后有过什么演变？

泾水、渭水能够重新变清吗？我们该做些什么事情？

第七章

跳进黄河洗不清

俗话说，跳进黄河洗不清。

为什么这样讲？因为自古以来黄河主要河段的河水就是黄的，所以才叫这个名字，就像中国有的是“大清河”“小清河”这类河流一样。长江上游的重要支流岷江，古时候在苏东坡老家附近的一段，还曾经叫玻璃江，可见江水多么清亮。

黄河就不一样了。听一听古代诗人怎么说吧！

唐代诗人孟郊说：“谁开昆仑源？流出混沌河。”

刘禹锡说：“九曲黄河万里沙。”

北宋名臣王安石也说：“派出昆仑五色流，一支黄浊贯中州。”把它描述为一股黄色的浑水，穿过辽阔的中原大地。请注意其中“黄”和“浊”两个字，说得再清楚不过。

黄河水不仅很黄，有时候甚至还黄得发红。

有书为证。在战国时期的古书《竹书纪年》里，就有三段黄河河水发红的记载。

“周景王十四年（公元前 531 年），河水赤于龙门三里。”

黄河中下游河南郑州段

“周贞定王十二年（公元前 457 年），河水赤三日。”

“周显王二年（公元前 367 年），河水赤于龙门三日。”

虽然这种情况只不过短短几天，可也够呛的。

让我们再放眼全球，看一看它和其他大河相比的情况吧！

黄河泥沙含量远远超过我国的长江、珠江，甚至超过号称我国北方“第二害河”的淮河。流淌过沙漠的非洲尼罗河，以及说什么“恒河沙，数不清”的恒河，也远远没法和它相比。

说黄河是世界上泥沙最多的河流，可一点也没有冤枉它。古时候就有“黄水一石，含泥六斗”“黄河斗水，泥沙其七”的说法。虽然形容得有些过头，但也反映了黄河泥沙之多，多得实在难以想象。

请注意，这里所说的还只是一年之内的平均情况，到了暴雨季节就更加不得了。请看一些例子吧！

例如“可怜无定河边骨，犹是春闺梦里人”的诗句中，所吟咏的那条有名的陕北无定河，多年平均含沙量达到每立方米 141 千克。当地另一条不出名的窟野河的泥沙更多，多年平均含沙量有每立方米 182 千克，最大含沙量甚至达到了每立方米 1700 千克。这么浑浊，哪还是普通的河水，简直就是活生生的泥浆。

如果枯燥的数据不能说清楚，就让我用一个自己经历的事情来说吧！1954 年夏天，我随队在甘肃省东部的黄土高原上考察。有一次洪水过后，从黄河的四级支流马连河过河，就遭遇了这样的情况。

先解释一下什么是四级支流，就是支流的支流的支流。马连河是泾水的支流，泾水是渭水的支流，渭水又是黄河的支流，所以马连河就是黄河的四级支流了。

那一天，一场大雨后，马连河突然发了洪水。原来平静的河面不仅变得水势汹涌，而且河水也显然变得更黄了，几乎满河都是翻滚的泥水。我们好不容易等到水流稍微缓下来，才开始涉水过河。到了对岸一看，身上、裤子上都是黄泥水，简直变成“泥腿子”了。这是我的亲身经历，一点也不夸张。

黄河就是“黄”。包括它的一些支流在内，永远也改不了这个沾满浑浊泥沙的名字。请问，跳进这满河的黄水里，怎么洗得清呢？

面对滚滚黄河，人们不禁会问：黄河泥沙到底是怎么来的呢？

黄河泥沙最主要的来源是中游的黄土高原。疏松的黄土很容易被流水侵蚀。加上当地的特殊气候环境，一年内降水很不均匀，所有的降雨量几乎都高度集中在夏季的几场暴雨。暴雨冲刷着地表松散的黄土形成泥流，顺着无数大大小小的冲沟和支流，流进黄河。这种情形就好像黄色的颜料被打翻，染黄满河的河水一样。

科学家报告，根据实际观测的资料，从黄土高原带来的泥沙，平均每年达到 14.6 亿吨，占了整个黄河流域全部泥沙的 89.7%。

人们被这样的事实惊呆了，不禁要问："这条大河自古以来就是黄的吗？"

不是的。

据对黄土层里的孢子花粉分析，史前时期黄土高原的自然环境很好，几乎到处都是森林草原，一派美好的风光。只是后来人们没有计划地开垦土地，不管三七二十一乱砍滥伐森林，破坏了环境，地面才变成光秃秃的，造成水土流失，黄河水才变黄的。

人们接着问：万里黄河万里长，上游和下游的河水黄不黄？

请看中华人民共和国水利部 2000 年的《中国河流泥沙公报》。该资料告诉我们，5464 千米长的黄河，只有 1992 千米长的中下游是浑水；占总长度一半以上的上游，河水是清的。

住在上游的人说，说咱们这儿的河水也是黄的，简直是天大的冤枉。

听说过"天下黄河贵德清"吗？那里的河水清亮亮的，流淌在绿油油的草原上，可美啦！

请到巴颜喀拉山脉北麓雅拉达泽山的约古宗列曲冰川前的黄河源头来看看吧：像玻璃一样透明的水流，比镜子还亮呢。

是啊！这儿的黄河名不副实，怎么也沾不上一个"黄"字。即使流出了青藏高原，穿过一连串幽深的峡谷，河水也算不上"黄"。

中国陕西黄河壶口瀑布

河水流到了兰州，流过腾格里沙漠逼近的那一段，由于掺杂了一些泥沙，才稍微有一丁点儿“黄”。其实直到河套平原末尾的河口村以上，整个黄河上游都不算太黄。只有进入中游的黄土高原以后，才一下子变得很黄很黄了。

其实，古人早就发现这个现象了。西汉时期写的《尔雅·释水》就说：“河出昆仑虚，色白。所渠并千七百一川，色黄。”意思就是黄河源的水是无色透明的，汇合了许多支流以后才变黄。

哦，明白了，黄河不是一生下来就是黄的，也不是从头到尾都是黄色的。

千古以来，人们看厌了浑浊的黄河，被它折腾够了，幻想着如果黄河水能变清的话，天下就能太平了。

黄河会不会变清呢?

古时候传说，黄河五百年变清一次。可是也有“千年难见黄河清”，以及“俟河之清，人寿几何”的说法。

黄河怎么变清?人们把希望寄托在“圣人”身上，于是就有了“圣人出，黄河清”的说法。

“圣人”是谁呢?

在封建王朝时代，“圣人”就是英明的“天子”。似乎有一个好皇帝出来，黄河水就可以变清了，就带来河清海晏的太平盛世。

真的吗?

实在对不起，皇帝不是魔术师，哪有这么神通广大。

黄河水这么黄，给它多冲一点清水行不行?

这可不是一杯浑水，再冲几大杯或者一大桶清水就可以解决了。再说了，这么多的清水从哪儿来啊?天上浇下来可受不了，总不会是地下咕噜噜冒出来的吧?

修一道堤坝，把上游的泥沙堵住，下面的河水就能变成清水了吗?

这简直就是开玩笑。如果真这么做，泥沙不能送进大海。堤坝上的泥沙越来越多，河床必定越积越高，可能会闹出河水泛滥的乱子。流出大坝的河水，从搬运沉重泥沙的任务中解脱出来，就有了更大的活力，将会更强地冲刷河底。

这儿的河底是什么?就是从前堆积的泥沙。水再把这儿的泥沙冲起来，岂不是又变黄了，哪会是真正的清水呢?

要想“黄河清”，必须抓住黄河变黄的根本原因。我们要认真做好黄河中游黄土高原的水土保持工作，才能解决根本问题。

输沙量、含沙量

输沙量是一定时段内通过河道某一个断面的泥沙数量，用千克或吨作为计算单位。河流输沙量的大小，主要取决于水量和含沙量的多少。

含沙量的意思是每立方米的河水中含有多少泥沙，常常用千克/米^{3}作为计算单位。

小知识

黄河“变清”的记载

古书记载，黄河曾经“变清”过好几次。

北宋徽宗时期，就有过三次“河清”现象。一次发生在下游河北平原上的乾宁军（今天河北省青县），黄河快要入海的地方。两次发生在同州（今天陕西省渭南市大荔县），和黄河干流八竿子打不着的地方。元朝末年的惠帝时期，不知道什么原因，局部地方也出现过同样的现象。这几次“河清”的时间都很短暂，不过短短几天，和整条黄河没有关系。宋徽宗、元惠帝都是亡国皇帝，绝对不是什么“圣人”。

明成祖永乐二年（公元1404年）冬天，清朝雍正四年（公元1726年）十二月上旬末，个别地方也发生过“河清”。永乐、雍正年间倒是“太平盛世”。于是全国大肆庆祝，百姓认为真的是“圣人”出现了。可我们再仔细一看记载，就发现了马脚。原来这两次“河清”都是在寒冷的冬季，上游、中游早就结冰了，泥沙不能被大量冲带来，下游的河水少得可怜，因此某一个地方一时变得清一些，也不是不可能的。这和“圣人”有什么关系呢？这几个皇帝高兴得屁颠屁颠的，自以为是“圣人”，岂不是太可笑了？

第八章

江上的滩险

你听，峡谷里传来一阵阵忧郁的歌声。

嗨哟、嗨哟……
有钱人在家中坐，
嗨哟、嗨哟……
哪知穷人忧和愁。
嗨哟、嗨哟……
拉船人本是苦中苦，
嗨哟、嗨哟……
风里雨里走码头。
嗨哟、嗨哟……

你看，一群衣衫褴褛的人，弯着腰迎着寒风，拉着一根根长长的纤绳，几乎半趴在崎岖不平的河滩上。他们拖着一艘艘沉重的货船，穿过一个个江水湍急的险滩，奋力前行。

《砥砺前行》——重庆武隆乌江纤夫群雕

这是什么歌？

这就是从前的三峡纤夫唱的《川江号子》。一般是一个人领唱，大家跟着“嗨哟、嗨哟……”合唱。三峡大坝没有修建以前，沿途有许多险滩，上水船要过滩，只能依靠纤夫的体力把船拉过去。

滩险是什么？就是险滩嘛。峡谷里地势崎岖，水势险恶，一处处险滩挡住去路，通过非常困难。

李白叹息说：“蜀道之难，难于上青天。”说的是秦岭、大巴山的道上处处是悬崖绝壁，紧贴着崖壁的栈道很难通过。其实不仅是陆路，滚滚长江穿过的东边三峡缺口也很难通行，木帆船航行非常危险，必须靠纤夫齐心协力，才能闯过一道道水上鬼门关。

长江三峡的滩险不仅数量多，种类也多。我们就来看看，这儿有些什么滩险吧！在川江水手和纤夫嘴里，流传着两句话：“青滩泄滩不算滩，崆岭才是鬼门关。”这里说的是长江三峡里有名的青滩、泄滩和崆岭滩。

第一个滩险是位于巴东和秭归之间的泄滩。

这儿的形势非常险恶。北岸的一条山溪口，有一片乱石堆积的洪积扇，叫作令箭碛。它笔直伸入江心，拦住了一半江面，正好和南岸的一条名叫蓑衣石的过江石梁相对，把江流束得更加狭窄。江水只能从这南北两个阻碍物中间通过，从而形成一股迅猛的急流。石梁在水落时露出江面，还能看见道路。涨水的时候它隐藏在水下，船只看不清航行方向，就更加危险了。

只是这一道水上门槛还好办，但是，水中前后还有许多明礁和暗礁，它们好像地雷似的潜伏在水中，如此对航船的威胁就更大了。

第二个是青滩，又叫作新滩。它坐落在兵书宝剑峡和牛肝马肺峡之间，是川江枯水期第一恶滩。

青滩是古时候一次山崩造成的。江中堆满大大小小的石块，有的石块像小房子一样大，横七竖八地堆在江心。枯水期水落石出，水位越低越危险。其中一个地方，无数巨大岩块阻塞江中，像是一道天然溢洪堤坝，上下水位差达两米多。一股急流像怒吼的瀑布直泻而下，冲击着江心的礁石，发出雷鸣般的声响，在峡谷里传得很远很远。远方来的船只还没有来到跟前，就听见了这种吼声，吓得心惊胆战。

这一道天然堤坝似的乱石滩，横阻在江心，是名副其实的拦路虎。来往的大船和小船，只能从号称“龙门”和“官漕”的两个槽口，小心翼翼地找机会通过。上水就是翻门槛，下水好像顺着一个水滑梯一冲而下。槽口内外隐伏着许多尖锐的礁石，航行时非常危险。船行在这儿，只要有一丁点儿不小心，就有船翻人亡的危险，千百年来这里不知吞没了多少船只。

顺着峡谷往下航行，在西陵峡下段，又有第更加危险的崆岭滩。

在这里，河床内布满了奇形怪状的礁石群，密密麻麻、犬牙交错，是三峡滩险中最险恶的一个。在川江水手和纤夫心目中，崆岭滩是真正的鬼门关。

在这里，一道石梁把江流分为南、北两槽，槽内到处都是坚硬的礁石。其中有三个大礁石排成“品”字形，挡住了来往船只的去路。最大的“头珠”上，刻着“对我来”三个大字。下水船必须从激流里对准它冲去，擦着石边时立刻转弯，再抹过旁边的礁石，稍微偏离一丁点儿就会撞得粉碎。想一想，多危险啊！

古时候，来往船只要经过这儿，都必须

长江三峡夔门

卸下旅客和货物，小心翼翼地驾着空船驶过去，所以这里叫作“空舲滩”，后来错写成“崆岭滩”，并一直流传至今。

长江三峡里的滩险，这就完了吗？

还没有呢！

除了这三个大滩，在进峡、出峡的地方，还有滟滪堆和葛洲坝两个有名的滩险。

滟滪堆坐落在瞿塘峡西口的白帝城下，是一块巨大的江心礁石。

这块礁石有多大？

测量后得出有关数据，长 40 米，宽 50 米。枯水季节出水 20 米以上，像是一座六七层的楼房，高高耸立在江心，如同一只拦路虎阻挡住进出峡谷的大门。

面对这块巨大礁石，没准儿你会说，这有什么了不起的，甭管它有多高多大，从旁边绕过去就得了。

有这么简单吗？

请注意，这儿不是平静的湖水，也不是一般的江流。这里是四川盆地的总水口。

杜甫描写这里：“众水会涪万，瞿塘争一门。”白居易冒险夜航瞿塘峡，写道：“瞿塘天下险，夜上信难哉？崖似双屏合，天如匹练开。”两人的诗句都十分生动地描绘了这里的气势。地形这样险要，水流也特别湍急，船不是随便可以绕过去的。

据东汉李膺在《益州记》中所说，船民经过这里，不知该顺着哪股水漂过去，总是心中犹豫不决，所以才命名为“滟滪堆”。“滟滪”两个字既表现了水势，也反映出来往水手们犹豫不决的心理状态。

在这里，自古流传着一首民谣：

滟滪大如象，瞿塘不可上。
滟滪大如牛，瞿塘不可留。
滟滪大如马，瞿塘不可下。
滟滪大如鳖，瞿塘行舟绝。

可见这里是多么危险。

请看几段古代名人在这里航行的记载：

淳熙四年（公元 1177 年）六月，南宋诗人范成大乘船经过这里的时候，有一段非常生动的记录。

第一天早上，客船停泊在夔州城下，派人去探视瞿塘峡的水情，江水刚漫过滟滪堆顶，生成一圈圈涡流，称为“滟滪散发”。当地人劝他耐心等待，不可冒险东下。谁知当天夜晚忽然涨水，天明再派人去看，滟滪堆已被水淹了。水势越来越大，范成大不愿再等了，便解舟顺流而下。船过滟滪堆时，水中翻卷着迅猛的涡流。客船簸荡着从上面漂过，摇橹的船夫们都吓得手心出汗，面无血色。

更可怕的是，这里还有一股急流，能把船直冲入峡。稍不留意，就可能和前面的船相撞而沉没。古时候在峡口处有一队值勤的士兵，各拿一面大旗，从山上一直排到山下。等前面的船平安通过，并驶出几里路外时，才摇旗招呼后面的船通过滟滪堆前进。由此可见，滟滪堆是一个多么危险的礁滩。

三峡进口处的滟滪堆 1958 年被炸除。

那么，从三峡出口出来后就彻底安全了吗?

那才不见得呢！

《西游记》中师徒四人取经途中，经历了磨难，最后经过通天河还落了一次水，打湿了经书，又受了最后一难。想不到船出了三峡，最后还会遇上一个特殊的滩险。

这不是险恶的暗礁，也不是江心乱石滩，而是毫不起眼的河洲。

这是什么地方?

这就是位于宜昌附近的鼎鼎有名的葛洲坝。

啊，葛洲坝！这岂不是 1988 年建成的名扬四海的水利工程吗?

是的，就是这个地方。这里原本是一个很大的浅水沙洲，来往船只一不小心就会搁浅，所以叫作“搁舟坝”。后来叫来叫去，不知怎么叫成了“葛洲坝”。

为什么这儿会生成沙洲?

说来道理很简单。滚滚长江流出三峡的最后一个峡口后，没有了两边高山峭壁的约束，江面一下子放宽了。江面宽度从原来的 300 米，一下子加宽到 2200 米。水面开阔了，江水流速也减缓了，水流没法冲动许多泥沙，渐渐在峡口外面堆积下来，形成了两个沙洲。小的是西坝，大的就是葛洲坝了。这两个沙洲把流过这儿的长江分隔成大江、二江、三江三个部分。来往大船小船只能经过大江航道，如果闯进二江和三江，就会搁浅在这个“搁舟坝”上，动也别想动一下了。

所以说长江三峡的滩险不仅数量多，种类也多。掌握了这儿不同滩险的生成原因，基本上就知道天下所有滩险的原理了。

千百年来的事情，已经过去了。三峡水利工程建成后，三峡的水位大大提高，往昔这些叫人胆战心惊的滩险，统统沉入了深深的水库底，再也不能威胁来往的船只了。忧郁的《川江号子》也在峡谷里消失，但它作为非物质文化遗产保留下来，成为一个历史回忆。

急流中考察的经历

无论大江大河，还是山间溪流，水中有滩险，就能生成急流。特别是一些峡谷里的急流，是漂流探险的好地方，也是地质工作者的试金石。旅游时可以玩漂流，也可以不玩。野外考察却没有选择，一旦任务下达，就必须执行，哪怕水再急、滩再险，也必须勇往直前。我在野外工作中，就有过不止一次在急流中考察的经历。

20 世纪 80 年代，有一次我在三峡考察，必须在瞿塘峡夔门的江心礁石取一块岩石标本。这块礁石在洪水期被淹没，枯水期才露出水面。当时虽然是枯水期，但它一露头，就扰乱了水势。周围急流漩涡飞快旋转，很难从水上接近。为了达到目的，我请求当地航标站协助，派一艘航标艇带着我直冲过去。由于水势太急，航标艇无法停靠。我必须在艇身接近礁石时，瞅准了一步跨过去，稍微慢一点就会失足落水，真是惊险万分。取样拍摄照片任务完成后，航标艇迎着急流打一个旋转，再回来接我。此时也必须看准，一步跨回去。登上礁石的时候，目标是固定不动的礁石还好办些，但回来时艇身像野马一样无法稳定不好上艇，大家都捏了一把汗。为了保证安全，航标艇来回做了几次尝试，尽可能让目标更接近、让艇身更稳定些。最后一次状态最好，艇上水手做出跳船手势，我鼓起勇气一步跳过去，直扑进一个水手的怀里。艇身剧烈摇晃，飞快冲出漩涡，差点儿把小小的船弄翻。这次考察给我留下一生难忘的记忆。

1997 年 5 月 8 日，我 66 岁生日的时候，在大巴山中的通江县诺水河进行旅游资源开发的设计工作。我划着一只橡皮艇过滩，一不小心在急流中翻了船，随波逐流漂了很远，多亏自己眼疾手快抓住一块

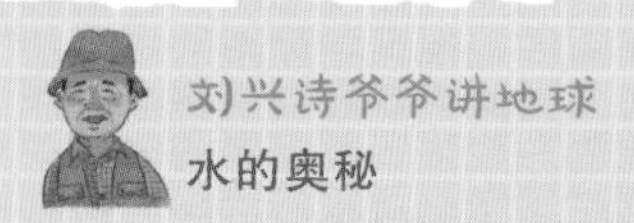

礁石才上了岸。后来，当地人铺开宣纸请我题词，我就提笔写了下面几句，安慰同行的县领导们，坏事也是乐事；不要责怪随行人员，不要为我担忧。

“诺水河，乐水何？诺水乐水不落水，何以为乐。乐！乐！乐！”

是啊！我曾在雪地里翻车，乘的小汽艇在茫茫大海上失火。如今“六六大顺”生日，再来一次急流翻船，有惊无险，岂不是难遇难求的人生一大乐事？把这个故事顺便写在这里与大家分享。

王安石智辨中峡水

明代冯梦龙写的《警世通言》里，记述了一个有趣的故事。

宋神宗的时候，苏东坡被贬到黄州做小官。临行前，他向王安石告别。王安石送他出来说，自己患有一种病，必须用三峡的中峡水煮阳羡茶喝才能够治好；因为苏东坡是四川人，于是就托他回乡的时候带来。

苏东坡在湖北黄州住了快一年，才忽然想起这件事，便打算趁送夫人回乡的机会，在返程时顺便取一瓮给他。

长江三峡包括瞿塘峡、巫峡、西陵峡，中峡水就是巫峡的江水。想不到下水航行，船的速度很快，很快就过了巫峡，没法在急流中停船取水。苏东坡想，王安石这个老头子真迂腐，江水都是一样的，何必非要中峡水不可呢？于是他自作聪明，在西陵峡里取了一瓮水带回去。

王安石非常高兴，亲自打开水瓮取水煮茶。想不到水开泡茶后，很久才见茶的颜色。

王安石问苏东坡：“这瓮水到底是在哪里取的？”

苏东坡硬着头皮回答说：“就是您指定的中峡呀！”

王安石一听笑了，对他说：“这明明是下峡水嘛，你为什么骗我？”

苏东坡大吃一惊，无言以对。王安石这才说道：“根据《水经注》记载，上峡水太急，下峡水太缓，唯有中峡水不急不缓，用来煮阳羡茶才最适宜。刚才瞧见茶色很慢才显现出来，所以知道是下峡水。”

苏东坡连忙站起认错，深深佩服王安石的学问。

第九章

洪水位、枯水位

郦道元在《水经注》里有一段对长江三峡的精彩描述。其中关于洪枯水的情况，他这样说：“至于夏水襄陵，沿溯阻绝。或王命急宣，有时朝发白帝，暮至江陵。其间千二百里，虽乘奔御风，不以疾也。春冬之时，则素湍绿潭，回清倒影。”

夏天洪水季节，滚滚滔滔的洪水一下子就从白帝城穿过整个三峡，像乘着一股风似的冲流到了荆州。冬天枯水季节水位下落，水也清亮了，和涨水的时候大不一样。

不管任何河流，洪、枯水位涨落都有很大反差。洪水泛滥常常造成灾害，枯水水落，有时候也会带来缺水的旱情。至于水涨水落影响船舶航行，那就更不用说了。

洪枯水对人们的生活影响这样大，人们不得不关心它的涨落情况，一一标记在可以看见的地方。

长江的通航河段此方面工作做得最好。人们在江上航行，常常可以看见涂绘在石壁、河岸上的水尺，一眼就能把当时的水位看得清清楚楚。驾船的领航员就知道该怎么驾驶船只通过了。

人们对洪、枯水位变化这么关心，遇到特大洪水和极枯水位时就更加注意了。在一些重要地段，自古以来就有专门的记录。在长江三峡，就常常可以看见什么年份“洪水至此”的标志。武汉汉口的江汉关海关墙壁上，特别画出1931年和1954年两次特大洪水的水位线就是最好的例子。在这里顺便说一句，我就是1931年武汉发生特大洪水前不久出生的。每次来到武汉，我总要到这个洪水位标志牌看一看，再到黎黄陂路一个小巷里，一座至今还以古建筑名义保护的旧式别墅面前，想象洪水淹没到接近二楼阳台的时候，爸爸怎么带来一只小船，妈妈怎么抱着我离开这里的情景。

洪水位可以这样明明白白标示。水下枯水位对航行以及日常生活也有很大的影响，水下枯水位又是用什么办法记录下来的呢？

请到川东涪陵城下，参观一个神秘的水下博物馆吧！

原来这是一条巨大的砂岩石梁，东西长约1600米，南北宽约15米，枯水期有时会露出水面，外形好像是一只白色的仙鹤，所以叫作白鹤梁。

从前每当水落石出的时候，就可以看见石梁上刻写了许多古代题记。

想不到这里记录了许许多多珍贵的枯水期水位资料。从唐代宗广德二年（公元764年）一直到清代，记得非常清楚。例如宋神宗时期的一段记录：“熙宁七年（公元1074年），水齐至此。”

在这条石梁上，还有两条栩栩如生的石鱼，是清康熙二十四年（公元1685年）刻凿的。鱼眼睛的高度，大致相当于现在川江航道部门规定的当地枯水位。旁边有一段清代的文字记录说：“涪

州大江有石梁，长数十丈，上刻双鱼。一鱼三十六鳞，一含萱叶，一含莲花。或三五年，或十余年一出。出必丰年，名曰石鱼。”另一段上千年前的枯水记录：“(宋徽宗)大观元年(公元1107年)正月壬辰，水去鱼下七尺，是岁夏秋果大稔。”把枯水和丰收联系在一起，值得科学家好好研究。

仔细观察两条石鱼头尾交接的地方，下面还有一条因江水冲刷，已变得模糊不清的唐代石鱼和“石鱼”两个篆字。

国家级文物保护单位在三峡大坝蓄水后，用特殊方法把它保护在水底原来的地方，作为永远的纪念。

同样的水下枯水水文石刻，在川东长江水底还有很多。例如重庆朝天门外嘉陵江水底的灵石，云阳县城南面长江水底的龙脊石。

重庆涪陵白鹤梁水下博物馆的石鱼

白帝城边小滟滪堆的水下岩壁上，民国四年（1915 年）和二十六年（1937 年）嵌立两块石碑，上书“水落至此”等多处水下石刻标记，现已永远沉睡在水底了。

香喷喷的“牛屎堆”

臭烘烘的牛屎堆，谁也不愿多看一眼，人们大多掩鼻而过。

是啊！俗话说，鲜花插在牛粪上。关于牛屎堆，从来也没有一句好话。

信不信由你。在长江三峡里，巫山古城下河滩上，有两块前后相连，难看得要命的大石头，本名叫作流石，绰号就叫“牛屎堆”。在当地人和来往水手的眼睛里，它可是香喷喷的，甚至还有人给它烧香磕头，当成是活菩萨呢。

这是怎么回事儿？

原来这里距离险恶的瞿塘峡不远，上水船到巫山后，很难知悉几十公里外的瞿塘峡的水情，没法决定是不是继续前进。古代三峡水手通过长期观察，发现一个重要现象：流石像是一个天然水尺，如果洪水淹没了它的顶部，瞿塘峡内便超过了安全水位，木帆船就很难顺利通过了。

这是一种特殊的相关水位比较情况，我们的祖先早就发现了这个规律，真了不起啊！

第十章
“沱”呀“沱”

沱、沱、沱，从重庆到三峡，整个四川盆地东部，长江边常常可以看见许多叫作“沱”的小村镇。什么李家沱、唐家沱、郭家沱、石盘沱、金刚沱、土沱、南沱、莲沱等，多得数也数不清。这些村镇十分繁荣，自古以来都是较大的居民点，人气非常旺盛，常常是当地土特产的集散中心。人来人往，船来船往，和附近的村镇相比，显得很热闹。

“沱”呀“沱”，到底是怎么回事儿？为什么比附近的村镇兴旺呢？

关键就是一个“沱”字。

翻开字典看，“沱”是可以停船的小河湾。

明白了。原来在湍急的江流中，到处有急流和滩险，船只停靠非常困难。想不到这儿却藏着一个个平静的河湾，停泊就很方便了。

能够靠岸停船，就能上下旅客、装卸货物，这里自然就形成了不可多得的小河港。大和小是相对的。这些藏在小小河湾里的

三峡之巅与重庆市奉节县白帝城瞿塘峡风景名胜区飞龙寺

小小河港，当然不能和重庆、宜昌这些大港相比。猛一看，似乎很不起眼。可是对当地来说，小小河港就是一颗颗商旅之星，显得很“起眼”。

这样的河湾到底是怎么生成的呢？

这是一种特殊的江边地形。要想知道它生成的原因，首先得仔细看看其所在的位置。它们大多分布在峡谷进口和出口的地方，并且和一种特殊水流作用分不开。

河水流进峡谷的时候，河面一下子变窄了，江水没法全都流进去，就会在外面生成一个漩涡，冲刷两边的河岸，逐渐冲成一个小河湾了。峡谷出口的地方，河面突然放宽，也会在两边生成同样的漩涡和河湾。

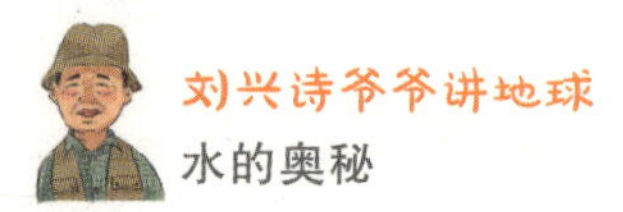

这种河湾就是“沱”。这儿的水流不急，常常形成一些小河港，是来往船只歇息的好地方。有了这种港口，就会带动地方经济发展，一个个小村镇也就跟着形成了。

知道吗？有名的白帝城也是这么一个“沱”。

白帝城坐落在江流似箭的瞿塘峡口，面对咆哮的江水，湾内流势非常缓和，和湾外形成鲜明的对比，是躲避风浪的好地方。

这个河湾真是再好不过了。和汉光武帝争天下的“白帝”公孙述，一眼就看中了这个风平浪静的小河湾，于是就在这里修建城堡屯兵驻守。后来诸葛亮又利用它作为基地。它历来都是防守蜀中的水上大门。

“沱”的生成原因

“沱”到底是怎么回事儿？得实地考察。

请你到山里去，寻找峡谷进口处和出口处，水流突然放宽和收窄的地方，在野外现场仔细观察就会明白了。

第十一章

都江堰的科学和哲学

都江堰是什么?

都江堰在哪儿?

谁不知道它位于成都附近，岷江出山的地方，哺育着号称“天府之国”的成都平原。都江堰历来被推崇为“天府之母”，它是一个有两千多年历史的，并被列入世界历史文化遗产名录的伟大的水利工程啊！

既然是世界级的大工程，为什么有的人还“唉、唉……”不停地叹气呢?

这多半是一些从四面八方慕名来到这里的游客，瞻仰这个伟大的古代工程时而发出的叹息。按照他们自己的想象，都江堰必定非常宏伟壮观。没准儿可以和埃及金字塔、印度泰姬陵等媲美。自己不远千里到这儿来，拍一张照片作为纪念多好啊！

唉……想不到来到这儿一看，除了两岸的青山和中间滚滚滔滔的江水，什么都没有。想找一个地方拍照片，也不知道在哪里拍好。

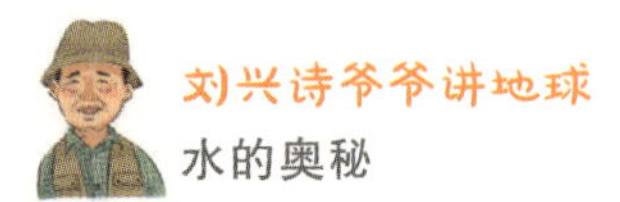

他们不甘心，向路边一位仙风道骨的白胡子老爷爷打听："是不是时间抹平了一切，从前的建筑全都没有了？"

白胡子老爷爷说："不，这儿一直没有变，自古以来就是这个样子。"

奇怪，真奇怪啊！这个什么也没有的都江堰，怎么算得上伟大的世界级水利工程呢？

老爷爷轻轻捋着白胡子说："这你就不懂啦。都江堰的伟大，就在于什么显眼的东西都没有。自古大道就无形。有孕于无，无就是有。这才是玄之又玄、妙之又妙。中华哲学何等深沉，它融入了这个工程，你说奇妙不奇妙？"

越说越糊涂了。看不见怎么算是伟大？工程怎么扯上了哲学呢？文科、理科混杂在一起，这算是哪门子科学？

白胡子老爷爷微微一笑说："先不说这个。先理一理都江堰的来龙去脉，再说吧。"

都江堰风光

他提醒面前的游客们说：“请你们先想一想，这个两千多年前的工程，到底是用来做什么的？”

这一问，把大家问住了。

发电吗？

那时候，家家户户点的是油灯，没有冰箱、空调，也没有电灯、电话，哪有什么“电”的观念？

航运吗？

那时候，这儿也没有大船、小船繁忙的水上运输啊！

这也不是，那也不是，还会是用来做什么的呢？

剩下的就只有排洪和灌溉了。

白胡子老爷爷点头说：“说对了，都江堰的作用就是排洪和灌溉。”

这一说，有人有些明白了。

不用来发电，就不必修建三峡那样的大坝了。不用来提高水位通航，当然也没有一连串高高低低的船闸，所以它不是什么宏伟的建筑。

这个工程最初是为了排洪，后来的主要作用是灌溉。从当年的李冰开始，人们从这里开通了许多大大小小的灌溉渠，好像毛细血管似的，通往成都平原上每一个角落。

想一想，保护灌溉渠，浇灌农田，最重要的是什么？

那就是保持清洁的水源，不要让泥沙堵塞渠道，要让清水流入肥沃的田地。所以尽可能减少泥沙进入都江堰水利工程，就是头等重要的任务。

江水本来就有许多泥沙，怎么解决这个问题？

大家都会说，在进水口排沙。

怎么排沙呢？

大家又会说，修造一个排沙工程吧。世界上许多巨大的水电站，都有宏伟的排沙工程。

哼哼，都江堰才不这样呢。人们做梦也没有想到，聪明的李冰竟是利用河道水流自然滤沙、排沙，根本就不用耗费力气修建什么人工设施。

原来河流本身就有处理泥沙的特殊功能，是最好的天然滤沙器。

奥妙在哪儿？就在于河水的流动形式。

我们已经说过了，河水不是笔直往前流的，其中存在着特殊的水内环流。

在河道转弯的地方，在惯性作用下，含沙较少的表面水流笔直冲向凹岸。受到凹岸阻挡，侵蚀了一些泥沙后，变成一股挟沙底流，又沿着河底流向斜对面的凸岸，在凸岸堆积形成低缓的河漫滩。在弯弯曲曲的河床里，河水就是这样绕着圈子往前流。

让我们再回头看都江堰吧。在它的进水口，有一个巨大的河心沙洲，把出山的岷江分隔成内江和外江两股水。内江有一些弯曲，但是弯度还不够，不能引进全部表面清流。

聪明的李冰一看，就计上心头了。

他用装满石块的竹筐在水里排列，修筑了“鱼嘴”分水工程。因为形状好像鱼嘴巴，所以就得到这个名字。

请别小看了这个很不起眼的鱼嘴。由于它的干扰，增加了内江的弯曲度，完善了水内环流，引导更多的表层含沙量较少的清水流入内江，自然减少了进入内江堰区渠道的泥沙，起到了天然滤沙的巧妙作用。

话虽这样说，河水带来一些泥沙也是不可避免的。怎么进一步排沙，不让泥沙进入内江灌溉渠道，还是一个必须解决的问题。

李冰又在江心洲中间的一个天然低洼部分，安排了一个“飞沙堰”，用来排洪、排沙。在洪水期间，这儿可以自动把多余的洪水排入外江，保证内江堰区安全。同时又因为在凸岸部位，可以根据水内环流，挟沙底流流向凸岸的原理，自动排出进入堰内的泥沙，避免内江渠道系统堵塞，就轻易解决了现代水利工程最令人头疼的泥沙问题。

要知道，西方直到100多年前，才发现河道水流的水内环流现象。殊不知李冰早在两千多年前就发现了这个现象，并且已经运用于都江堰水利工程了。谁真正先进，还不一目了然吗？

感谢李冰，感谢都江堰，为世界保存了

这个先进科学的实证。要知道，许多世界文明古国的水利工程，几乎全都随着漫长的岁月消失了。只有都江堰，至今还在造福于人民。这岂不更加证明李冰了不起，中华民族了不起吗？

这还没有把都江堰说完呢。

这儿靠近道教起源地青城山，素有“问道青城山，拜水都江堰”的说法流传。

仔细分析一下，想不到都江堰除了有高超无比的科学原理，还包含了深沉的哲学观念。

是啊！自古大道就无形，从来大师均谦逊。都江堰就是这样无形的伟大水利工程，以“无为”代替“有为”，深深体现了一种哲学观念。

对待处理洪水和泥沙两大难题，它都立足于“疏”，思想十分先进。正所谓“四两拨千斤”。

看着似乎什么也没有的都江堰，人们不禁会想：在这里哲学和科学结合得多么巧妙啊！这是老庄哲学对水利工程设计的影响，还是李冰自己的顿悟呢？

不管怎么说，都江堰水利工程浸透了深厚的哲学观念，这是古今中外各种各样水利工程中少有的。

为什么其他国家的古代大型水利工程，在漫长的岁月中，一个个都堙废无存，而唯有都江堰沿用至今呢？这不仅是因为先进的设计施工，还由于那些工程徒有躯壳，缺乏深刻的思想引领。都江堰是水利都江堰，也是哲学都江堰，是了不起的古代水利工程，体现了中华文化的至高境界。

智者胜于力者。对此，都江堰做了最好的说明。

谁最早修建都江堰

请问，都江堰最早是谁修的？

就是李冰嘛。

有人补充说："还有他的儿子李二郎，都江堰是李冰父子共同修建的。"

这算答对了一半，他忽略了都江堰另一段隐秘的历史。

请记住，世界上许多事情并不是一下子就完成了的，常常有一个发展的过程。

譬如万里长城，并不都是秦始皇的功劳。秦始皇是在战国时期北方燕、赵等国修建的一段段长城基础上进一步修建完成的万里长城。

都江堰水利工程也一样。它最早是三千多年前，古蜀时期一个叫鳖灵的首领动手修建的。

这位鳖灵还有两个名字，叫作开明、丛帝。说起来，也是一国之君呢。

那时候，岷江出山后，在宽阔平坦的成都平原上自由自在来回摆动，常常泛滥成灾，造成很大的灾害。当时，被称为望帝的国王杜宇没有办法，只好让鳖灵去治理。

鳖灵打通了玉垒山的一个"山嘴"，用分洪的办法把岷江洪水分一部分给沱江，就解决了这个问题。

玉垒山在哪儿？就是今天都江堰的宝瓶口，也就是都江堰的一个重要组成部分。

请问，这是真的吗？

春水漫宝瓶

当然是真的。《禹贡》说："岷山导江，东别为沱。"就是讲的这件事。

关于这件事，还有几本古书可以证明。

《华阳国志》记载古蜀国杜宇在位时："会有水灾，其相开明，决玉垒山以除水害。"

《蜀王本纪》说："时玉山出水，若尧之洪水。望帝不能治，使鳖灵决玉山，民得安处。"

《水经注》也说："江水又东别为沱，开明之所凿也。"

其中，《禹贡》这本书成书时间远比李冰时代早，说明鳖灵才是都江堰水利工程最早的奠基者。所以有一本古书说："冰因其迹而成之。"所谓"开明肇其端，李冰集大成"，就是说李冰在前人的基础上，进一步完成的意思。

李冰干了什么呢?

秦国灭了巴、蜀后，李冰担任蜀郡地方官。他进一步修筑了“鱼嘴”、飞沙堰，又开凿了渠道，把水引到成都和平原上其他地方，最终完成了都江堰水利工程。除防洪之外，又增加了灌溉、航运的功能，从而使都江堰的作用更加完善了。

民间有种说法，说最早人们在这儿供奉的不是李冰，而是传奇人物二郎神，官府非要把纪念李冰的庙宇叫作二郎庙，老百姓烧香磕头的却是另一个“菩萨”。

这样各烧各的香，总不是办法啊！南宋时期理学大师朱熹想出一个解决的办法，干脆把二郎神当作李冰的儿子，说他们父子二人共同修建了都江堰水利工程，这样大家都欢喜了。

到底还是大师聪明，脑瓜一动就解决了矛盾，以后就这样张冠李戴、以讹传讹地流传了下来，假的也被说成是真的了。

这算什么？这就算是艺术创作吧！

都江堰治水箴言

都江堰治水的实质，说到底就是解决了泥沙的问题。

二郎庙内有李冰留下的两句治水箴言“深掏滩，低作堰”“遇弯截角，逢正抽心”，说的都是怎么处理泥沙。

“深掏滩”针对疏通渠道而言。提醒人们必须在每年岁修时，深挖淤塞在渠道内的泥沙，挖掘到河底预埋的“卧铁”为止，这样才能恰到好处地保证过水断面尺度，使渠水畅通无阻。“低作堰”提醒人们不能把飞沙堰修得太高，保证这个溢洪道位置低下，能够顺利排洪也排沙。

“遇弯截角，逢正抽心”是针对不同河段治理泥沙的重点而言的。河流弯曲段容易在凸岸堆积泥沙形成边滩，必须进行挖掘，去除弯曲的边滩；顺直河段容易在河心堆积泥沙，形成暗滩和江心洲，必须予以挖掘。这句八字箴言既是处理泥沙的准则，也反映了我国古代对河道泥沙动力学的高超研究水平。

与此同时，李冰还制定了严格的岁修制度，以及“分四六，平潦旱”等在不同水文季节调整水量分配的法则，使都江堰水利工程运转得更加合理，能够永葆青春，一直到今天。

第十二章

黄河不是“坏孩子”

千百年来，黄河在人们的印象中，既有好的一面，也有不太好的一面。由于下游常常泛滥成灾，所以它得到一个“害河”的名称。

“害河”是什么？就是“坏孩子”。

孩子品行等出了一些问题，只责备孩子吗？

不。《三字经》说：“养不教，父之过。”还有开头两句话：“人之初，性本善。”世界上只有不好的父母，没有不好的孩子。孩子生下来都是纯洁的，后来出了什么问题，父母也有很大的责任，怎么能全怨孩子呢？

黄河也是一样的。很早很早以前，黄河是乖娃娃。后来在下游出了一些“乱子”，怎么能怨它呢？

让我们把它放进空间和时间的大坐标里观察，看一看它到底是怎么变成“坏孩子”的。

从空间上来说，黄河上游一直很好。在河流发源的青海境内，黄河水清亮亮的，压根儿就和“黄”字沾不上边。它顺着地势向东流，在河套平原转了一个大弯，规规矩矩的，造福了当地民众。所以人们说“黄河百害，唯富一套”，就是最好的称赞。它在下游出的问题是源于中游黄土高原的水土流失。从整条河来讲，只不过最下面的一段有一些问题而已。

从时间上来说，黄河中下游环境原本是不错的。只是近一两千年以来，中游黄土高原乱垦滥伐，破坏了优良的自然环境，才造成越来越严重的水土流失，使河水里的泥沙越来越多，在下游闹出“乱子”。

一两千年怎么能和几十万、近百万年相比？在时间的漫漫长河中，这也只不过是一瞬间而已。

黄河不是天生的“害河”，责任在人们自己。我们应该好好反省。

黄河是中原大地的母亲河，这儿是古往今来许多封建王朝的心脏。怎么治理黄河历来就是一个重中之重的大问题。历代有识之士，想出许许多多治理方法。我在这儿举几个最重要的例子。

西汉末年，水利学家贾让针对黄河经常在河北平原泛滥的问题，曾经提出了有名的“贾让三策”。

上策是不要和黄河硬斗，不与水争地。干脆把经常遭受泛滥之灾的河北老百姓，统统搬迁到其他地方。任随黄河撒野，自然流进大海。

中策是在河北平原上多开凿一些水渠。不仅可以排洪，减缓凶猛的水势，平时还能灌溉田地，一举两得。

下策就是用老办法，对大堤修修补补。这样做不仅劳民伤财，也不能解决根本问题，大堤只有一次次等着洪水的冲击。

他提出不与水争地的办法，如同战国时期，以黄河为界的齐国、赵国、魏国，各自后退25里修堤，避免洪水冲击，中间留下足够宽阔的空间，让黄河在里面自由自在游来摆去的做法。如此，即使发生洪水，也有回旋的余地，不至于让洪水冲破大堤造成危害。可惜后世不接受这个观念，非得把两边的大堤束得紧紧的，不给黄河一丁点儿自由活动的空间，造成了许多麻烦。

东汉时期的王景想出另一个办法——像对付野马一样先套住黄河，然而再慢慢调教驯服。

他的做法是修筑起牢固的大堤约束住水流。再整治旁边的人工河汴渠，把多余的黄河水引进汴渠，使其畅通无阻地流进淮河。

请注意，这并不完全是“堵”，还加上了“疏”。有“堵”有“疏”，就能降伏黄河这匹野马了。

只是这样还不行。如果黄河发了大脾气，出现特大洪水，加上河身不停摆动，河床迅速演变怎么办？他又想出了一招：除了加固危险地段的堤防，疏通浅滩，使整个河道畅通无阻外，还在关键地段每隔十里开一个水门，留下一片片空地及时排水，这样就不用担心会发生决口泛滥的危险了。

元朝水利专家贾鲁在一次黄河大决口后，一面堵缺口，一面疏通下游河床，让黄河回归故道，不允许它在外面横冲直撞。

在最关键的堵口中，他用许多装满石头的大船捆绑在一起，迎着洪流沉下去，就堵住了缺口。再疏通黄河老河床，整治得像模像样，很快就使已经溃决的黄河回归故道，再也不给人们添麻烦了。人们为了纪念他，就把原来的汴河改名叫贾鲁河，一直沿用到今天。

明朝水利专家潘季驯换了一个新思路，使用“筑堤束水，以水攻沙”的办法，解决泥沙淤塞的问题。

他认为治理黄河的关键，就在于处理好泥沙问题。所以他坚决反对用分流的办法处理黄河泛滥，认为绝对不能乱开口子，水势不能分散，必须遵循自然规律，巧妙利用水流自身的力量，冲

刷河床里的泥沙，才能防止河床淤塞，保证畅通无阻。

其实，他也并不是完全依靠河水冲沙，还在一些关键地段修筑了各式各样的河堤防线作为辅助的办法，防止河水随意泛滥。

清朝水利学家靳辅继承了潘季驯的治河思想，但又有些不一样。黄河河床上的泥沙实在太多了，只靠河水自己冲刷泥沙，得多少时间？再加上一些地方河堤年久失修，曾经多次决口泛滥，所以他就一面修补大堤，一面组织民工在黄河河床里挖泥沙，用来加固两边的大堤。这样既加深了河床，又巩固了大堤，一举两得。

治黄、治黄，千百年来，人们用了各种各样的办法治理黄河。治黄，成为一个口号，是我们民族面临的极为重要的任务。人们认为：什么时期能够制止在下游平原到处捣乱的黄河，什么时候就国泰民安，进入太平盛世了。

古时候这样，现在怎么样呢？也得认真治黄啊！

随着时代进步，我们现在对治理黄河有了新的看法。科学家及整个社会都看清楚了，治黄的根本问题就是治沙。必要的下游堤防工程当然要加强，但是不能头疼医头、脚疼医脚，还应该特别注意中游黄土高原的水土流失问题。只有彻底做好水土保持工作，不让泥沙进入黄河，才能真正解决下游的河水泛滥和泥沙问题。

治黄的根子在中游黄土高原。

治黄不仅要搞筑堤、排洪等技术工程，更重要的是开展中游黄土高原植树造林的生态工程。只有技术工程配合好生态工程，才能彻底解决黄河的问题。

治黄的关键是咱们每个人的心理工程，只有人人都真正认识到自身的责任，树立起信心才行。

是啊！从上百万年来的黄河大历史来说，一两千年的灾害史算得了什么？黄河原本就是“好孩子”，是人们后来把它弄成这个样子的。说它是“害河”，是“坏孩子”的人，应该好好想一想，它到底是怎么变“坏”的？

我们应该为它做些什么？怎么做？

责任在父母，不在孩子。即使一个不良少年，也能改造嘛。何况原本就是中华民族母亲河的黄河。

责任在人们，不在黄河本身，是不是？

我们非常高兴，人们终于认识到自己的责任。

我们非常高兴，终于找到了解决的办法。

我们非常高兴，背着千年“害河”恶名的黄河，终于有了洗刷自己的希望。

感谢一代代兢兢业业的水利学家，感谢一代代辛辛苦苦的祖先。

俱往矣，数风流人物，还看今朝！

小卡片

禹和鲧的治水方法

我们都知道大禹治水的故事。大禹和他的父亲鲧治理洪水的办法完全不一样。

鲧用从前水神共工治水的方法，采取“水来土挡”，靠的是一个“堵”字。结果堵了这边，堵不住那边，失败后被砍了脑袋。

大禹接受了父亲失败的教训，换了一套治理的思路。他想，堵是堵不住的，不如干脆因势利导，采取“疏”的办法来处理。

这个做法说白了，就是疏通河床，开挖一条条渠道排水，让四方堵塞的洪水统统流进大海，就不会造成危害了。

这是一个非常聪明的办法。河水本来就要往东流，一直奔流进大海的。顺应自然规律办事，就不会使洪水到处泛滥了。

“堵”和“疏”，自古以来就是治水的根本办法。如何“堵”，如何“疏”，是治水的大学问。

第十三章

黄河九曲冰先合

唐代有一个叫周朴的诗人，写了一首《塞上曲》：

一阵风来一阵砂，
有人行处没人家。
黄河九曲冰先合，
紫塞三春不见花。

冬天来了，北方的许多河流都会结冰。位处西北和华北的黄河，当然也不例外。李白诗句中“欲渡黄河冰塞川”，说的就是这个现象。

黄河西起青海省巴颜喀拉山脉的雅拉达泽山下，经过青海省、四川省、甘肃省、宁夏回族自治区、内蒙古自治区、陕西省、山西省、河南省和山东省共9个省区，在山东省北部流入渤海，全长5464千米。从东经96度到119度，东西横跨23个经度；从北纬32度到42度，南北跨过10个纬度，流域总面积达到75.2443万平方千米。这样广阔的面积，流域内气候差别很大，到底什么地方先结冰呢？

黄河壶口瀑布冬季凌汛

一般来说，西部地区比东部沿海冷些，就先结冰。在整个流域内，纬度较高的北方比南方先结冰。唐代边塞诗人岑参写道：“北风卷地白草折，胡天八月即飞雪。”也表明了北方气候寒冷，下雪的时间比南方早得多。

整条黄河最北边在内蒙古境内的河套地区。黄河从西南边的宁夏流过来，在这里绕了一个大弯，再笔直流进陕西和山西之间的峡谷地带。所以，河套地区比它的上下两段都先结冰。到了春天，它上下游的冰都融化了，这里还没有解冻。上游带来的大量冰凌随着滔滔春水向下流动，造成冰凌阻塞，形成了冰坝堵住河水，引起上游水位迅速上涨，就会发生泛滥，这就是“凌汛”。

凌汛造成的洪水对当地有很大的影响。人们怎么办才好呢？

耐心等待它慢慢融化吗？

那可不成。那样得等多久？

人们实在等不得了，只好想办法用炸药把冰坝炸开。有时候干脆用大炮轰、飞机炸。河上炮声隆隆，炸弹轰鸣，场面非常壮观。

除了地理位置的因素，形成凌汛还有别的原因。总的来说，凌汛是受气温、水温、流量与河道形态等几方面因素的综合影响而形成的。

流量和流速大小对封冻、解冻和输冰能力都有直接影响。一般情况下，流量大，流速也大，输送冰块的能力也大。上游河水带着大大小小的冰块，浩浩荡荡流淌而来，到了河面的冰还没有融化的地方，就会堵塞泛滥了。

凌汛不仅发生在还没有解冻的地方，在冰面解冻的地方，由于冰块堵塞也能够造成同样的现象。这对河道形态的影响也很大，特别是河身弯曲的地段，最容易被冰块阻塞。一些河身太宽河水太浅、河形散乱的地方，由于流速比较漫，也很容易使冰块搁浅堵塞河道。

第十四章

无定河，游荡的河

唐朝有许多边塞诗。有首悲伤的《陇西行》，你还记得吗？

誓扫匈奴不顾身，
五千貂锦丧胡尘。
可怜无定河边骨，
犹是春闺梦里人。

这首诗流传了上千年，不知感动了多少人。读者忍不住会问，无定河在哪里？为什么叫这个名字？

无定河是陕北黄土高原的一条主要河流，弯弯曲曲绕过一个又一个黄土坡，流过榆林地区八个县，然后才慢慢拐头向北流去，进入鄂尔多斯高原。在那里穿过荒凉的毛乌素沙漠南部边缘，最后注入了滚滚奔流的黄河。这条全长 491.2 千米、流域面积达 3.02 万平方千米的河流，对干旱的黄土高原和鄂尔多斯高原来说，是一条不算小的河流。

无定河是怎么回事儿？为什么叫这个名字？

顾名思义，这条河的河身必定很不稳定，经常改变位置，动来动去，所以人们才这样叫它。

生活在湿润地方的人们不明白：一条河流得好好的，怎么可能变来变去呢？

这就是干燥地区多沙性河流的特点。

在干燥地区，特别是在沙漠里面和沙漠边缘植被稀少的地方，河流流经的地面都是疏松的沙地，很容易冲刷，也很容易向下渗透，所以河水里的含沙量很高。加上这里气候干燥，蒸发非常强烈，一些河流流着流着，河水就被蒸发减少；或者渗透进地下，变成涓涓细流，甚至完全变干没有了。

河水慢慢减少了，动能也降低了。减少到一定的程度，河水再也不能搬运泥沙，泥沙就会慢慢堆积下来，渐渐堵塞了河床。河床堵塞了，河水不能沿着原来的河道继续往前流，就会不得不改道。这样一次次堵塞改道，河身当然就不断在沙地上摆来摆去，形成了一条没有固定流向的无定河。

明白了。它的含沙量大，河床深浅不一，经常改变位置，所以才叫这个名字。

无定河从来就是这样的吗？不。它是灿烂的鄂尔多斯文明的发祥地。1922 年，有一个法国神父，名叫桑志华的地质学家，在这里发现了一颗门齿化石。经北京协和医院解剖部主任步达生研究，确认它是 35000 年前的晚期智人牙齿。21 世纪 40 年代，我国著名考古学家裴文中，又给这个智人取名“河套人”。地质学家和考古学家又在这里发现了许多旧石器时代的文物，这就是“河套文化”。这里有大量共生的哺乳动物化石，证明几万年前这里

的自然环境非常好，是适宜人类居住的美好家园。

那时候的无定河水必定是清澈的，河床非常稳定，河身不会随意摆来摆去。

为什么无定河变成了这个样子?

因为历代连绵不断的战乱，人们只顾打仗，谁会管一条河的事情。而且这里位置偏僻，天高皇帝远，人们随意砍伐森林，破坏天然植被。到了唐代，整个陕北黄土高原的植被，已经被糟蹋得不成样子了。水土流失严重的结果是给无定河增添了大量的泥沙。原本清流的无定河，就永远告别了往昔的美好，变成了滚滚黄汤。

无定河这个名字，就是在唐代中叶出现的。请不要怪罪无定河，应该责怪的是人类自己。谁让人们只顾眼前利益，不顾后世影响，把无定河弄成这个样子。

无定河永远都是这个样子，再也不会改变了吗?

不，往昔历史这一页已经翻过去了，悲伤的往事不会重演。无定河边不再有征战，不会再有默默躺在河边的“春闺梦里人”。

现在人们已经醒悟，并加紧植树造林，大力开展流域治理。只要继续干下去，无定河变成永定河的一天总会来临的。

永定河名字的来历

永定河上游是山西省宁武县的桑干河。从前由于上游森林被大肆破坏，所以河水混浊，泥沙很多。永定河出山后经常决口改道，变化无常，所以又改名叫作无定河。它素有“小黄河”和“浑河”之称。

清代康熙三十七年（公元 1698 年），人们大规模整修平原地区的河道后，无定河才又改名叫作永定河。1954 年，官厅水库建成后，上游洪水基本得到了控制。这里说的是基本上，个别情况下也会出一点儿乱子。

我在此留校工作期间，就曾经跟随刘心务教授，到永定河下游的南天堂、北天堂之间，考察过一次小规模决口的情况。

古时候，这条河又叫卢沟。赫赫有名的卢沟桥的名字，就是因它而来。

第十五章

塞水不成河

杜甫有一首《寓目》诗：

> 一县葡萄熟，秋山苜蓿多。
> 关云常带雨，塞水不成河。
> 羌女轻烽燧，胡儿制骆驼。
> 自伤迟暮眼，丧乱饱经过。

杜老夫子是现实主义诗人，这一番情景绝对不是虚构的。

请看，这里的地面流水和别处不同。这里常常到处泛流，很难集中成为像模像样的河身。

这是真的吗？杜老夫子自称老眼昏花，是“迟暮眼”，是不是他看花了眼睛？

不是的。他的眼睛再不行，也不至于将这样明显的现象看错。在大陆深处的西域内地，的确是这样。

这里气候干旱，平时几乎不下雨。可是在酷热的夏季，却往往能够突然来一场暴雨，在沙漠的地面上，形成一种奇观。

我在新疆吐鲁番盆地以极端干旱而闻名的火焰山旁边考察时，就曾经看见洪水冲毁公路的痕迹。如果不是亲眼所见，绝对不能想象居然会发生这样的情况。当地人告诉我，这是真的。一场特大暴雨，造成了一场令人们措手不及的沙漠洪水。洪水冲毁了道路和桥梁。

如果在别的地方，一场暴雨后，雨水就会统统汇集进河床，使河水迅猛上涨。可是这里本来就没有河流，自然也就没有可供水流集中流淌的河床了。遍地流水无处吸纳，只能到处横流，泛滥成灾。这样的景象就是杜老夫子所说的“塞水不成河”了。

在沙漠地带，即使有几条非常稀罕的河流，平时大多也没有水，这是典型的间歇性河流。这样的河道如果一下子充满了水，常常会漫溢出来，再加上河水冲带的沙子很多，很容易堵塞河床产生改道或引起泛滥，这依然是“不成河”的样子。

由于突发性洪水形成的这种“塞水”，很难用正常的河流概念来定义，所以就是“塞水不成河”。

干旱地区有没有真正的河流呢？当然也有，塔里木河就是最好的例子。

“塔里木”这个名字，在维吾尔语里是“无缰野马”的意思。听着这个名字，就可以想象它是怎么回事儿了。它野性十足，从来不肯老老实实顺着固定的河道往前流，总是在沙漠里摆来摆去，活像是一匹游荡惯了的野马。

为什么它会这样？这和它的含沙量大有关系。

塔里木河流淌过茫茫的塔克拉玛干大沙漠，冲带着大量沙子。由于地形平坦，水流非常分散，搬运力量很小。当河水没法再搬

塔里木河——中国最长的内陆河

运这么多泥沙的时候，泥沙只好沿途堆积下来。泥沙阻塞了河道，就不得不改道了。好在地势非常平坦宽阔，没有山冈约束，可以自由自在摆来摆去，结果生成了弯弯曲曲的河身，还有许多岔流和沙洲。因为河流经常变化改道，是典型的“游荡河”，所以人们就叫它“塔里木河”。

第十六章

飞流直下三千尺

哗啦啦、哗啦啦，半空中落下一道瀑布。

瀑布、瀑布，为什么叫瀑布？

瀑是什么？

翻开字典看，“瀑”有两个意思：一是指急雨；二是指水飞溅。联系在一起，就是如同暴雨般飞溅的高高水流。

水就是水，为什么在这个词里，还加上了“布”这个字呢？

那就是形容它好像长长一匹雪白的布，从高处抖落下来，挂在半空里。

说了老半天，还不如浪漫的诗仙李白说得简单明了。他对庐山的一道瀑布赞叹道：“飞流直下三千尺，疑是银河落九天。”

瞧，不是什么暴雨，也不是一匹散开的布，而是像夜空中的银河一样，气势磅礴地泻落下来。诗句中不仅呈现出一幅壮观的画面，仿佛还伴有轰隆隆喧嚣的水声呢！

瀑布到底是怎么生成的？

说白了，就是水流从山壁上或河床突然降落下来。叫它瀑布

这个名字，再合适不过了。

瀑布水的来源，最普遍的是河水，也有湖水和泉水生成的瀑布。我国有名的黄果树瀑布、壶口瀑布都是河水形成的。长白山天池里流出来的水，就生成了长白山瀑布。泉水生成的瀑布也不少，有的还很大呢。

记得我在瑞士考察时，问当地朋友有什么好看的风景。日内瓦大学的朋友郑重向我推荐，从美丽的湖滨小城因特拉肯往南，进入阿尔卑斯山，就能看见一条从半山腰的洞中奔流而出的瀑布，那里是欧洲有名的风景区。我驱车前往，原来是一股从石灰岩溶洞里流泻出来的瀑布。其实就是一条地下暗河的出口，的确很不错。可是这样的景观在中国有的是，一点也不稀奇。作为一生走南闯北的地质工作者，我不知见过多少了。

长江三峡里的大宁河小三峡，其中一个滴翠峡就有同样的瀑布。这里的峡谷特别幽奇深邃，两岸绝壁连绵不绝，挂满了藤萝树木，真是“无处不苍翠，有水皆飞泉”。一道斧劈刀削的悬岩形成了“赤壁摩天”的景观，阳光洒在岩壁上，赤黄生辉壮观无比。更加使人称奇的是在高可摩天的崖壁上，涌出一股瀑布，一直飞溅到对岸。船行在下面，有丝丝细雨飘落下来沁人心脾，这种景象被称为“天泉喷雨”。这里是大宁河小三峡著名的风景区。

瀑布有大有小，有高有低。高者可以上千米，低者不过十几厘米。

你说什么？十几厘米也能够叫作瀑布？这岂不要气坏了李白老夫子，让他白写了气势澎湃的诗句？

别性急，为了安抚大家的情绪，那就不叫瀑布，称它为跌水吧！

哈哈！高处的水一个跟斗跌下来，就变成了瀑布。

呵呵，瀑布原来是从高处跌落下来的水，实在太形象。真有趣啊！

“跌水”这个词妙不可言，不仅生动地形容了瀑布的成因，而且还顺便解决了这个大小不同的问题。

1985 年，在距离成都不远，流传着卓文君、司马相如故事的邛崃县（今邛崃市），有一座风景优美的天台山。我在那儿协助设计开发了一个风景区。山中层层叠叠的小跌水，高者不过一两米，低者只有几厘米。清亮亮的水流漫过一道道红色砂岩台坎，形成了层层叠叠的跌水。我光脚踩着水，来来回回地在这些“水阶梯”间走上走下，好玩极了。虽然没有巨大的瀑布壮观，不好叫作瀑布，但道理却是一样的。

瀑布是有声音的。

清代文学家袁枚，在浙江省天台县写的《峡江寺飞泉亭记》中描写说“飞瀑雷震，从空而下”“闭窗瀑闻，开窗瀑至”，就是对瀑布声音最好的写照。想一想，从半空中流泻而下的瀑布，好像雷声轰鸣一样，关着窗子都能够听见。可见声音有多大，简直震耳欲聋。读了这篇文章，耳畔似乎也回响着瀑布的声音。

信不信由你，也有无声的瀑布。

有的瀑布像是一道珍珠帘，无数水珠儿从崖上飘洒下来，几乎没有一点声响，虽然称不上壮观，却也富有诗意。记得1985年，我又协助设计开发了成都附近的彭县（今彭州市）银厂沟风景区，这是青藏高原和成都平原交界的地方。这里巨大的高度差，丰富的水流，形成了许许多多各种各样的大小瀑布。其中一个瀑布由一串串水滴组成，就给它

取名叫作“珍珠帘”。

让我们最后总结一下吧！瀑布大多是一条河流经一道陡崖，从崖上跌落下来而成；也有从山腰溶洞里流出的瀑布；还有雨后山水形成的。林林总总，形成的原理都差不多。

小卡片

世界上著名的瀑布

除了我国的黄果树瀑布、壶口瀑布，世界上还有许多有名的瀑布。

南美洲最大的瀑布是巴西和阿根廷之间的伊瓜苏瀑布。“伊瓜苏”的意思是“大水”，该瀑布有 82 米高、4000 米宽。

世界上落差最大的瀑布是委内瑞拉的安赫尔瀑布，落差达到 979 米，瀑布最下端有 150 米宽。可惜藏在密密的热带丛林里，没法走到跟前，只能从空中观望。

南非的图盖拉瀑布是一个 5 级瀑布群，总落差达到 944 米，其中最大的一级有 411 米，是世界上落差第二大的瀑布。它附近还有野生动物保护区和国家公园，都非常有名。

在非洲的赞比亚与津巴布韦之间，宽阔的赞比西河上有莫西奥图尼亚瀑布，又名维多利亚瀑布。它从平静的河上跌进上百米深的深邃峡谷，飞溅起 500 米高的水雾，发出雷鸣般的响声，形成奇观。莫西奥图尼亚的意思，就是“声若雷鸣的雨雾”。

加拿大和美国之间的尼亚加拉瀑布，是尼亚加拉河跌下一道六七十米的陡崖形成的，是世界第一大跨国瀑布。该瀑布以山羊岛为界，分为加拿大瀑布和美国瀑布两部分，由三股飞瀑组成。

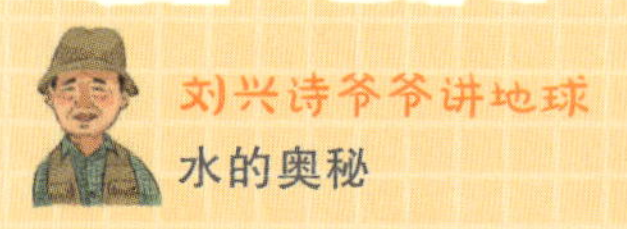

黄果树瀑布的由来

贵州当地布依族有一个传说。有一个恶霸土司看上了美丽的姑娘白妹，不得已白妹和心爱的小伙子水哥划船逃跑。土司跟在后面划船追赶，眼看就要追上了，他得意扬扬地大声喝道：“你们跑不了啦！”白妹连忙用剪刀剪断河水，河水变成了一道雄伟的瀑布。凶恶的土司来不及躲避，连人带船跌下瀑布淹死了，黄果树瀑布则永留人间。

贵州黄果树瀑布

中国最高的瀑布

咱们中国最高的瀑布在哪儿？

是黄果树瀑布吗？

不是的。

是黄河上的壶口瀑布吗？

不是的。

是位于广西崇左市大新县和越南交界处的归春河上游，年均流水量大约是贵州黄果树瀑布的三倍，气势磅礴的德天瀑布吗？

也不是的。

告诉你吧，咱们中国最高的瀑布是台湾省嘉义县阿里山中的蛟龙瀑布。总落差有 800 米，其中的单级最大落差也有 500 米。

第十七章

井水犯河水

俗话说:“井水不犯河水。”表面上看,这话是对的。井水在地下,河水在地上。一个摸不着,看不见,似乎在“阴间”;一个摸得着,看得见,在“阳世”。一个“阴”,一个“阳”,似乎没有一点关系,井水当然不犯河水喽。

井水真的不犯河水吗?或者倒过来说,河水不犯井水吗?不见得。

表面上看,河是河,井是井。一个在光天化日之下尽情流淌,好像是永不停息的欢乐精灵;一个藏于地下,处于不见阳光的地府深处,好似与世隔绝的幽居老僧。倘若不开井口,井水永远潜伏在地下,外界别想知道它的秘密。一内一外、一动一静、一明一暗,区别非常明显,三岁小孩子也能分得清清楚楚。

是啊!井与河似乎属于两个不同的世界,没有直接沟通。

不,不,不,这话不对。地面的河,地下的井,好像是地上的树干和地下的树根,关系可密切了,上下彼此不能分开。

说对了,用树根和树干来比喻井与河,再恰当不过了。井水就是地下水的一部分。事实上河流的一个非常重要的补给来源就是地下水，二者怎么不是树根和树干的关系呢?

不信，你到河边有水井的人家去打听打听，人们会告诉你，其实井水和河水是相通的；河水枯了，井水也枯；河水涨了，井水也跟着涨，同呼吸共命运。

河边人家还会告诉你，一些好井离河远，真正的好井在山里。

这话是真的。一些紧挨着河边的水井，受河水影响很大。暴雨后或者洪水季节，河水泥沙增多，常常变成黄色，井水也跟着变浑浊了，失去了往日的清亮。

有人认为井与河是两码事，有了自来水和水井，就不把河水放在心上了。大河小河都变成了天然垃圾场，随便在河里排污水、倒垃圾，把好好一条河变成了臭水沟。他们不知道地表水和地下水是相通的，许多农药以及别的有毒物质根本就不能过滤。污染了河水，就等于是污染了地下水，哪还有优质的井水呢?

说起水井，就不得不说起济南和成都，它们是我国有名的“泉城”和“水井城”。济南的泉水来自背后的大山，有“家家泉水，户户垂杨”的说法。成都的丰富井水资源，来自特殊的地理位置。原来这儿坐落在一片山前平原上，从西边大山里出来的河流，流速减小，堆积了大量泥沙和卵石，随着河流在开阔的平原上摆来摆去，生成了一个特殊的冲积扇。不管河水还是地下水，全都顺着倾斜的冲积扇，向东面的边缘流去。成都正好处在岷江冲积扇的边缘，所以地下水特别丰富，在地表下埋藏得很浅，并流传着向海龙王借地皮的传说。

不打五更的古城

从前，成都城内的水井很多，几乎家家户户都和井水分不开。井里的水很浅，一根竹竿吊着水桶就能够到水面。整座城市似乎是漂浮在水上的，只不过上面盖着一层薄薄的泥土而已。我家的院子里也有一口井，冰凉冰凉的，水色非常清亮，比花钱从街上挑来的自来水好得多。夏天用网兜放一个西瓜下去，浸泡一会儿提起来，就像是从冰箱里拿出来的一样。

那时候，大街小巷里晚上梆梆梆梆地打更，打了一更打二更、三更、四更，却从来也不打五更。传说原本这里是一片汪洋大海，是跟海龙王借来的，约好五更就归还。海龙王老老实实地等着，想不到成都从来也不打五更，打完四更就不再打更了。海龙王上了当，永远收不回这块地皮。这个故事当然是假的。可是成都曾经是一个天生的“水城”，却一点也不错。除了到处有水井，城内还有许多小河和水池。不用说，还有各种各样的古代石桥。可惜后来有人说，这些小河、石桥是老封建，不仅是应该铲除的“四旧”，还妨碍交通，全都被填平了。有的利用旧河道，上面加一个盖子，改造为人防工程。几千年的水城，就这样一夜之间变成了一座干巴巴的旱城，实在太可惜了。

这些不懂科学、自以为是的人，真不知该怎么说他们才好。

第十八章

一层层的地下水

传说，神秘的龙蛰伏在地下。

这地下的“龙”是什么呢?

白胡子老爷爷解释说：“龙从水。”就是说它和水的关系，简直密不可分。有水就有龙，有龙就有水。按照这种说法，地下的龙应该是一条“水龙”。

地下的“水龙”到底是什么?

说来一点也不稀奇，就是最普通的地下水。

地下水藏在哪儿?

是不是地下到处都是水，好像是一片地下海洋，土地就漂浮在上面，如同水缸上面的盖子?

当然不是的。

地下水的形式很多，分布的位置高高低低也不一样。就好像高楼大厦的地下停车场似的，有“负一楼”“负二楼”和“负三楼”呢。

这可太有趣了。好奇的孩子们会问：“这是真的吗？”难道在我们的脚板底下，真有一层层地下“建筑”不成？

不，这不是真正的“建筑”，而是隔水的“顶板”和“底板”。说得更确切些，就是有隔水层把一层层地下水分隔开，所以高低位置和特点不一样。

“负一楼”的地下水埋藏不深。大多是下雨后，或者其他原因，从地上渗漏下去的，沿着缝隙流动。因为这里还有空气存在，所以叫作“包气带水”。

在这一层里，一般不会积水。但是在局部地方，可能由于阻隔导致了一些积水，这叫作“上层滞水”。这些水只有雨季才有，干旱季节就消失了。

这一层的水不多，算不上真正的“龙”。

真正潜伏在地下的“龙”是潜水。藏在第一个隔水层下面，也就是地下“负二楼”。

好一个“潜”字，这岂不是活脱脱地描述出一条“龙”的样子了？

它潜伏在地下，水量十分充裕。因为隔水层的阻拦，不能继续往下渗漏，所以就形成了一个地下水层。一般的水井就是潜水，井水面就是潜水面。

潜水面和地形有关系，一般随着地形起伏，却比地表的地形缓些，出露在地表的形式就是泉。它挨近河谷的时候，与河水面会连接在一起。所以河谷两边的地下水溢出带，总是和河水面一致。

潜水经过地下沙石的过滤，水质比上面的包气带的水好得多，可以作为生活和生产的主要水源。

在石灰岩岩溶地区，沿着地下洞穴流动的潜水，往往就形成一条条地下暗河。一些比较大的暗河，里边还可以划船、划橡皮艇呢。

这些暗河很神秘。它们有的大，有的小；有的深，有的浅；有的宽，有的窄；有的悄无声息静静地流淌，有的哗哗啦啦不停地奔腾，活像是富于生命力的山间溪流。只不过暗河周围没有常见的青山和田野，而是凹凸不平、奇形怪状的石壁。这里没有阳光普照，也没有雨啊云啊等天气现象。这里伸手不见五指，完全笼罩在一团漆黑中，更增添了神秘的气氛。

洞穴里的地下暗河，并不都是畅通无阻的。探洞的人踩着冰凉凉的暗河水，啪嗒啪嗒地往前走，有时走着走着忽然碰了壁，前面再也走不通了。用安装在头盔上的灯，或手里的强光手电筒一照，才发现原来地下溶洞一下子变窄了，暗河水钻进非常狭窄的孔洞

桂林乾龙天坑溶洞中的瀑布

和缝隙里去了。大一些的孔洞还能爬过去，爬过去之后前面又豁然开朗，依旧是一条像模像样的地下暗河。有的石头缝实在太狭窄，就只能望壁兴叹，没有办法再往前走了。

“负三楼”的地下水，是在两个隔水层之间的承压水。在静水压力作用下，有时可以形成喷泉喷出地面，也是重要的地下水源。不用说，由于藏在更深的地下，所以水质更好了。

地下水分类

按埋藏条件不同，可以分为上层滞水、潜水、承压水。
按含水层性质分类，可以分为孔隙水、裂隙水、岩溶水。
按起源不同，可以分为渗入水、凝结水、初生水、埋藏水。
按矿化程度不同，可以分为淡水、微咸水、咸水、盐水、卤水。

地下水的地质作用

地下水除了有冲带泥沙的机械侵蚀作用，更重要的是有化学溶蚀、搬运和沉积作用。石灰岩溶洞里，美丽的钟乳石、石笋、石柱，就是化学溶蚀后，将碳酸钙沉淀下来而生成的美丽景观。

第十九章

山下出泉

泉水是从哪儿来的?

《易经》说:“山下出泉。”

瞧,《易经》真奇妙,这么简简单单的一句话,就讲清楚了泉水的秘密。

俗话说的掀起石头便是泉,就包含了这个道理。不过这话也有些夸张,也不是随便掀起一块石头就有泉水冒出来的。如果真的那样,我们的脚下岂不是一片泉水的海洋了吗?

泉是什么?说得直白些,就是地下水的露头。一旦地下水流出来,那就是泉了。

什么是露头?这是一个地质学里的行话,就是某些东西出露在地表的部分。

说得更加清楚些,泉是地下含水层出露地表生成的。

地下水生成的泉水,总不会一模一样吧?

常言道:“人上一百,形形色色。”泉上一百,也五花八门。不信,你看一百眼泉,就绝对有差别,不会是同一副面孔。

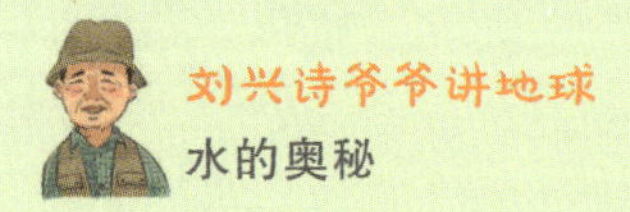

我们的老祖宗早就有认识了。

请看两千多年前古代“十三经”之一的《尔雅》这本书。其中的《释水》篇，东汉末年刘熙与南宋郑樵进行了解释，认为当时已经根据不同的形态，把泉水划分为许多类型。除了按泉的露头水势不同进行分类外，还专门列出了水势上涌的“涌泉”“滥泉”，河边渗流出来的“肥泉”，地下暗河流出来的“氿泉”，高高悬挂在崖壁上的“沃泉”等，划分得非常仔细。咱们中国古代对泉的研究，在当时处于世界先进水平。

地质学家说，泉有三大类，并和地下水的形式有关系。

最主要的第一类，是生成在地下水面附近。

济南趵突泉

地下水渗进土层后，在地下第一个稳定隔水层之上的含水层，具有自由水面，大致和附近的河水面高度相当，可以自由流动。这也就是石灰岩地区的暗河水面，叫作潜水。潜水的水量丰富，流势稳定，出露形成的地下水当然是最重要的泉点。

第二类在地下水面以上，是存在于包气带内的地下水，它从土壤、岩石裂隙里出露生成。称为下降泉，也叫作悬泉。

第三类在地下水面以下。其中的水流在两个隔水层之间，在静水压力影响下，具有承压水的性质，流出来就形成了上升泉。湖北当阳玉泉寺里的一股泉水就是这样的。如果静水压力很大，还会生成奇特的喷泉，济南的趵突泉是最好的例子。

此外，根据水温不同，还有特殊的温泉、冷泉等类型。根据所含的不同矿物成分，又可以进一步分为不同的矿泉，例如盐泉、铁质泉、硫黄泉等。两千多年前的科学家张衡在《温泉赋》中，就阐述了温泉不仅能治病，还能防衰益寿和健体。杭州虎跑泉、镇江金山泉是冷泉的例子。

泉水是一种重要的水源，可以补给河流、湖泊、池塘等。著名的晋祠里的泉水，就是晋水的源头。山西平定县的娘子关泉群年平均流量曾超过每秒 12 立方米，是我国北方最大的泉，也是当地工农业用水的重要水源。

朱熹有这样两句脍炙人口的诗："问渠那得清如许，为有源头活水来。"因为源头水流汩汩不绝，下游的泉水当然就清亮亮的了。

泉水哺育大地，它也是各种各样野生动物赖以生存的生命源泉。沙漠里的骆驼和马会找水不稀奇，想不到小小的蚂蚁也会找水呢！

蚂蚁能够随着季节变化选择住所，所选中的地方下面必定有水，这真是一个有趣的现象。而早在两千多年前，古人就发现了这样的现象，就更属不易了。

奇特的喊泉

有时候人朝着崖壁大声喊叫一下，就会有泉水流出来。

不信，翻一翻古书。长江三峡的瞿塘峡，就流传着一个半真半假的"圣姥泉"故事。

据说，有一个善良的老奶奶藏在石壁里，只要听见外面大喊一声，她就倒出一碗香甜的泉水，让水顺着岩石裂缝流出来，给来往的过路人解渴，真神奇啊！

你不信吗？南宋诗人陆游可以做证。他在《入蜀记》中写道："过圣姥泉。盖石上一罅，屡呼则屡出，可怪也！"

这到底是怎么回事儿？原来这儿的岩石里有一条充水的裂缝。水满了自然会准时流出来。如果在快要装满的时候，受到外界强烈的声波震动，水也会顺着裂缝流出来。地质学家说这是间歇泉的一种，叫作声震泉。

第二十章

不见天日的河流

从桂林沿着漓江乘船顺流而下，进入阳朔境内，在有名的冠岩山脚，可以看到一条小河不声不响地从溶洞里流出来。

这是什么河？怎么从山肚皮里流出来呢？

明朝一位名叫蔡文的诗人看了，觉得很稀奇，写了一首诗：

洞府深深映水开，幽花怪石白云堆。
中有一脉清流出，不识源从何处来。

别嘲笑这位古人。从前人们没有学过地理科学知识，提出这样的问题是可以理解的。

其实他已经说清楚了这条河的来历。这就是一条从洞里流出来的河，就是我们熟悉的暗河。

冠岩水洞是桂林山水中一个著名的景点。人们来到这里，会情不自禁地挥动船桨，沿着清清的水流朝洞里划去。

举起火把抬头一看，洞顶垂挂着一簇簇形态奇异的乳白色钟

乳石，这就是诗人说的“幽花怪石白云堆”了。再仔细看，洞壁上还有一些古代游客留下的诗篇石刻，表明这里早就有人来过。

你想沿着这条暗河再往里面划吗？洞内宽窄高低不一，有的地方划船就不行了，得用小竹筏才行。

这条暗河很长，人们静悄悄地穿过了五个洞厅，进入了地下深处。这里有的地方非常宽敞，可以上岸观赏美丽的钟乳石，或者在暗河沙洲上拾小石子；有的地方非常低矮狭窄，只能躺在竹筏上，用手轻轻拨着暗河水慢慢前进，从两边的石壁中间挤进去，得有一番耐心和勇气才成。

面对这条神秘的暗河，诗人忍不住惊叹“不识源从何处来”是完全可以理解的。

在这黑黝黝的地下洞府里忽然

“中有一脉清流出”，谁不充满了好奇心呢？

暗河是怎么生成的？地质学家说，这是地下水水平循环带的露头，属于石灰岩地区常见的现象。

地下水在深深的地下是怎么流动的？

在石灰岩地区，地面到处都是溶蚀生成的漏斗和落水洞，把雨水、地表水统统吸进地下，使其沿着一条条裂隙和垂直管道往下流。这个向下流动的地带，叫作垂直循环带。

顺着垂直管道流到一定的位置，水流越来越集中，就会改变方向，沿着一条水平管道流动，进入水平循环带了。流动过程中，水流逐渐溶蚀扩大空间，把原来狭窄的水平裂隙改造成宽大的水平溶洞，也能产生钟乳石和别的碳酸钙堆积。

这就是地下暗河的由来，解答了那位古代诗人心中的疑惑。说来说去，暗河水还和雨水、地表水有关。由于有源源不绝的洞外丰富的水源补充，暗河水总是流淌不完。

告诉那位古代诗人，这里随着季节的变化，暗河水也会定期涨落，有地下的洪水期和枯水期呢。

再告诉你，有的暗河流出溶洞，会在阳光普照下变成一条真正的小河。有的往前流了不远，又会重新流进另一个溶洞。这种“明流”和“伏流”互相转变的现象，在石灰岩山区里可谓司空见惯。

喂，明朝的蔡文老先生，我隔着时空回答了您的疑问，您清楚了吗？

第二十一章

话说湖泊

湖泊是大地面孔上最动人的眼睛。

难道不是吗？

你看，苏东坡笔下的西湖风光：

水光潋滟晴方好，
山色空蒙雨亦奇。
欲把西湖比西子，
淡妆浓抹总相宜。

这样美丽的西湖，可以和大美人西施相比。一层层轻轻荡漾的水波，闪烁着柔和的亮光，好像是含情脉脉的眼波，还不动人吗？

美不在大小。你看屈原笔下的洞庭湖旖旎风光，岂不也和西湖一样温情脉脉吗？

帝子降兮北渚，

目眇眇兮愁予。

袅袅兮秋风，

洞庭波兮木叶下。

有的湖，大如海。

你瞧，孟浩然描写的洞庭湖：

八月湖水平，

涵虚混太清。

杜甫眼中的洞庭湖，也展现了同样的画面：

昔闻洞庭水，

今上岳阳楼。

吴楚东南坼，

乾坤日夜浮。

当然，也有些湖很小很小，甚至小得像池塘，像谢灵运随意描写的一个小水池：

池塘生青草，

园柳变鸣禽。

池塘虽然小，似乎也有一些湖的影子呢。虽然科学家把池塘和湖泊严格区分开，可是在普通人的眼里，却总有些钟情于前者。

我就是这样的。在难以忘怀的燕园中，虽然人人称道著名的未名湖，我却十分留恋它背后的镜春园、朗润园、鸣鹤园里的那些曲曲折折、幽幽静静，甚至冷冷清清的小池塘。月上柳梢、人约黄昏，更加旖旎动人。它们也有水和荷花、芦苇……难道不也符合湖的一些特征吗?

湖是心田的寄托，湖是诗神的作品。大有大的好，小有小的好。我被这些小小的池塘迷住了，暂时忘记了自己的地质学专业，请往昔的恩师原谅我。

天下的湖泊很多很多，不管大和小，统统是一样的。剖析它们的结构，都包括有湖盆和湖水这两个基本组成部分。说起它们的来历就有些话长了。

湖啊湖，天下形形色色、大大小小的湖泊，到底有哪些种类?

地质学家说，首先得要分出内力作用和外力作用两大类。

什么是内力作用? 就是来自地球本身的作用。地壳运动、火山活动形成的湖泊就是这一类。

先说地壳运动生成的湖泊吧!

这种湖，叫作构造湖。生成在一些凹陷的构造盆地上，后来储水而形成，一般都很大很深。咱们中国的一些大湖几乎都是这种类型，青海湖和新疆的喀纳斯湖就是最好的例子。云南的滇池、洱海、抚仙湖也如此。

由于这种湖泊总是沿着一条条构造线生成，所以湖岸大多平直陡峭，常常像冰糖葫芦似的一串串排列，湖水都很深。山东的微山湖湖群就是这样，沿着一条条西北方向的断裂带，整整齐齐地排列。东非大裂谷的马拉维湖、坦噶尼喀湖、维多利亚湖也一样。

当年苏武牧羊的北海，也就是今天的贝加尔湖，这里水质非常好，透明度达到40米。湖水最深处达到1620米，是世界最深的湖泊。蓄水量23万亿立方米，约占全球地表淡水总量的五分之一，是世界上蓄水量最大的淡水湖。不用说，这儿很冷很冷，冬天会结冰。

早晨平静的贝加尔湖

火山口湖也是一种构造湖。火山休眠以后，积满了水就成了湖。它们的形状由火山口决定，都是圆圆的，或者椭圆形的。我国长白山天池、湛江湖光岩，就是典型的火山口湖。仔细观察南宋爱国宰相李纲题名的湖光岩，一个大火山口旁边，还套生了一个小火山口，是一个罕见的子母火山口湖呢。内蒙古东部阿尔山火山群，也有许多密林掩映的火山口湖，好像是千眼仙女的美丽眼睛，藏在浓绿的森林中闪闪烁烁，好迷人啊！台湾大屯山天池也算一个火山口湖。大屯山又叫七星山，山上有 7 个火山口。其中个别半堵塞的火山口，雨季积水就成湖了。我到这儿考察时看到，有的还冒出浓浓的硫黄烟雾呢。这样的火山群能够生成火山口湖，水火交融在一起，可真的是奇观。

火山喷出的岩浆堵塞了河水，还能生成特殊的火山堰塞湖。黑龙江的五大连池、镜泊湖就是这样的。

什么是外力作用？那就是除了地球本身，其他外部作用生成的湖泊。

最常见的河流作用算一个。

一些河流堵塞后，或者河流截弯取直后，所生成的湖泊都可以归入这一类。美丽的扬州瘦西湖就是这样的一个例子。它那瘦瘦的腰身和杭州西湖不一样，这就是一段昔日老河床留下的模子。长江流进宽阔平坦的江汉平原，慢悠悠地摆来摆去，生成了弯弯扭扭的九曲回肠。一旦截弯取直后，废弃的弯曲河段就演变成特殊的牛轭湖。

岩溶作用算一个。

在广西、贵州石灰岩广布的原野里，由于长期溶蚀而形成岩溶洼地、岩溶漏斗或落水洞等被堵塞住，后来积水形成的湖泊叫作岩溶湖。

柳宗元《小石潭记》中的那个小湖，就是一个典型的岩溶湖。

你看，这个湖的湖盆是什么样子：

“全石以为底。近岸，卷石底以出，为坻，为屿，为嵁，为岩。”

这就是奇形怪状的石灰岩地貌不可代替的固有特点嘛。

你瞧，这个水潭里的水：

“水尤清冽……潭中鱼可百许头，皆若空游无所依，日光下澈，影布石上。佁然不动，俶尔远逝，往来翕忽，似与游者相乐。”

水那么清亮，没有一点泥沙，也是岩溶湖的真实写照。

别以为这种岩溶湖都很小，贵州威宁的草海就大极了。登上城郊的观海楼眺望，波光渺渺，水草一片，不愧带一个“海”的名字。

山崩、滑坡、泥石流算一个。

它们堵塞了河水，就立刻生成一个个堰塞湖。2008 年汶川大地震，一些地方成千上万吨土石堵塞了河流，迅速积蓄了大量湖水，一转眼就形成了这样的湖泊。

冰川作用也算一个。

新疆天山上的阜康天池，相传是王母娘娘沐浴的瑶池，就是古冰川谷被堵塞后积水形成的。北欧芬兰号称“千湖之国”，都是古冰川作用的产物。我曾经在加拿大北方考察，乘坐小型飞机、越野车，穿越广阔的大地。只见机翼下的密林中有无数大大小小的湖泊，数也数不清。全都是北美大冰盖消退后，留下的洼地积水形成的湖，可以算是“万湖之国”。

海洋作用算一个。

海边泥沙沉积，把一些海湾和大海逐渐隔开。有的完全分离，有的还藕断丝连，统统叫作潟湖。信不信由你，美丽的杭州西湖就是由一片浅海海湾和大海分开而形成的。这是海成湖，还有一个专门的名字叫作潟湖。

潟湖外面的沙洲或沙堤，是最好的天然防波堤，里面风平浪静，是理想的港口。我国台湾有名的“港都”高雄，就是这样形成的。

别说这些沾满了水珠儿的自然作用力了。不管你相信不相信，沙漠里的风也是造湖的高手呢！

你不信吗？请看看敦煌的月牙湖吧，四周高大的沙山环绕，中间一弯新月似的湖泊，使人简直不相信自己的眼睛。这样由沙丘下的渗流汇集而成的风成湖，够神奇。

湖泊除了按照这些成因进行分类，还可以根据湖水所含的盐度分为好几类。

青海察尔汗盐湖

最常见的是淡水湖，湖水甜滋滋的。有的山间小湖没有污染，舀起一杯咕咚咚喝下去，那种凉爽和甘甜胜过许多矿泉水。

如果含盐量或矿化度太高，成为咸水湖、盐湖，甚至卤水湖，那就不能入口了。

在我国西部的青海、新疆、西藏，像上面这样的湖泊很多，每一个都含有丰富的矿物资源。

青海高原上的察尔汗盐湖，东西长 168 千米，南北宽 20 ~ 40 千米，面积 470.8 平方千米，一片白花花的，是中国最大的盐湖。

因为这个盐湖太大了，要绕也绕不过去。经过这里的青藏铁路、青藏公路干脆就从湖上跨过去，叫作“万丈盐桥”。想一想，在别的湖上不用修桥，火车、汽车能够在上面通过吗？仅仅这一点就够神奇了。

这个湖里储藏着500亿吨以上的钾镁盐，是中国钾镁盐的主要产地，真是名副其实的富“钾”天下。盐湖里含有镁、钠、锂、硼、碘、铯等30多种盐类矿物。其中钾、镁、钠的储量都是全国第一。我国最大的钾肥厂察尔汗钾肥厂就建立在这里，这里因此成了一座新兴的化工城。

告诉你，这里的盐实在太多了，多得用也用不完，所以干脆用宝贵的盐来铺路，修建特殊的盐屋。汽车在盐路上飞跑，好像奔驰在亮晶晶的玻璃板上，真是让人大开眼界。

小卡片

怎么计算湖泊的年龄

不同颜色和厚度的湖泥，好像树木的年轮一样，这就是计算湖泊年龄最好的尺子。

让我们用冰川湖底的纹泥来说吧！一层粗、一层细，颜色一层深、一层浅，有规律地排成一层层，这就是一年内不同季节堆积形成的。

其中夏天冰川融化后，冲带来的泥沙多、颗粒粗，堆得比较厚。在冲来的沙子中，石英含量最多。因为石英是灰白色的，所以整层的颜色比较浅。冬天相反，只有很少一些淤泥堆积，所以颜色深、颗粒细，也薄得多。只要细心数一数，就能准确算出冰川湖的年龄了。

在湿热的南方，情况有些不一样，湖底生成了另一种季候泥。

夏天，是水草繁生的季节，湖泥里含的腐殖质很多，所以常常是很深的灰黑色。冬天植物少，湖泥里的腐殖质少，颜色比较浅。

湖底的古城

在太湖、洪泽湖、抚仙湖等许多湖泊中，我们都曾经发现过湖底的古建筑，甚至古城镇。

浙江的千岛湖，那是1959年新安江水库的湖水淹没了库区的一些地方形成的，淳安县一些村镇就永远沉没在湖水里。

最最神奇的是四川凉山彝族自治州首府西昌城郊邛都古城一夜沉陷的神话。

传说在东汉时期，这里有一个善良的老奶奶，收养了一条可怜的小蛇。小蛇一天天长大，变成了一条大蟒蛇，吞吃了县官的马。县官生气了，逼迫老奶奶交出大蟒蛇。老奶奶说什么也不交出来，县官就杀了她。大蟒蛇为她报仇，作起法来，一下子就使全城沉陷下去，变成了一片水汪汪的大湖。

邛海到底是怎么形成的？

有人说，这里是强烈地震带，完全有可能是由于一次猛烈的破坏性地震，使邛都古城陷落成湖。

有人说，可能是附近的安宁河绕了一个弯，弯曲河流截弯取直，在这里留下的牛轭湖。要不就是一个古河床湖。

还有人说，可能这是山崩造成的堰塞湖。

我在这儿考察，发现东汉时期遗留的古城还好好的，压根儿就不在水里，怎么能说邛都一夜之间下沉为湖呢？传说的故事不真实。

原来这是一个周围有几条断层穿过的断陷盆地，地壳下沉的历史非常悠久。从几万年前的第四纪晚更新世以来，这里一直在缓慢下沉，经过了数以万年计的漫长时间，才逐渐生成这个大湖，并不是一次地震的结果。

第二十二章

居延海的教训

人们常常说："四海之内皆兄弟也。"

东海、南海、北海的位置都清楚。西海在什么地方，有各种各样的说法，一直争论不休。

我们在这儿介绍一个"西海"吧！

请看唐代边塞诗人岑参的诗句：

黄沙西际海，
白草北连天。

他描写的西海边，有茫茫的黄沙，大片的白茅草，风光非常美丽。

这是什么地方？

这就是蒙古高原西头的居延海。在遥远的汉代、唐代，这儿有大面积的草原分布，是游牧的好地方。公元 10 世纪，雄霸一方的西夏王国在湖边修筑了一座城，曾经兴旺一时。

居延海风光

现在这个草原大湖已经不见了，原地只有两个小湖，是它遗留下来的影子。值得注意的是，这两个紧挨着的小湖，水质完全不一样。

东边的一个叫苏古诺尔，蒙古话的意思是“苔草湖”。湖边散布着成片的红柳，湖里有许多水草。这里的水质很好，有许多鱼儿，招引来成群的大雁和野鸭到这里觅食，成群结队的黄羊也来饮水觅食，一片生气勃勃的景象。

西边的小湖叫嘎顺诺尔，意思是“苦湖”。顾名思义，它的湖水又苦又咸，湖边还有一片盐滩。水里无鱼、空中无鸟，是一个死气沉沉的世界。

号称“西海”的居延海为什么不见了？

它留下的两个小湖为什么不一样？

这和水源变化有关系。

古时居延海的湖水，是弱水带来的。弱水来自南面的祁连山，水量本来就不大。后来由于人们在沿途大量引水灌溉，加上气候变化，流进居延海的水越来越少，使它的面积急剧缩小，进而分解为两个小湖。东边的苏古诺尔还有流水补充，所以还有一些生机。西边的嘎顺诺尔断绝了水源，在长期蒸发下，湖水变咸了，成为一个“死湖”。

居延海的故事警告人们：必须在流进湖泊的河流上游节约用水，保护好生态环境。要不，就会和昔日水面广阔的居延海一样，从“海”变成湖。如果再不认真治理，今天留下的小小苏古诺尔，没准儿也会遭到和嘎顺诺尔同样的命运。

小卡片

半甜半咸的湖

世界上有的湖水甜，有的湖水咸。你可知道，还有半甜半咸的湖吗？这半甜半咸不是说它的味儿带一些甜，也带一些咸，而是整个湖一分为二，一半甜、一半咸。

这可奇怪了，真有这样的湖吗？

有！我国西藏的班公湖就是最好的例子。班公湖藏语称“哥木克哥那喇令错”，意为“明媚而狭长的湖泊”。它的湖水东淡西咸。在日土县境内是淡水，在西部和克什米尔交界的地方是咸水。

这个世界屋脊上的湖泊，湖面海拔 4241 米。东西长约 155 千米，南北最宽处约 15 千米，最窄的地方只有 5 米，天然分为两个部分。这里位置偏僻，距离内地很远，交通很不方便，却是南来北往的候鸟歇脚的好地方。这里常常有成群结队的鸟儿聚集，有一个世界上海拔最高的鸟岛。

班公湖不是唯一的例子，这种“一湖两水”的湖泊很多。中亚地区的巴尔喀什湖也是一样的，中间由一个狭窄的乌泽纳拉尔湖峡隔开，甜水和咸水不掺和在一起，真有趣啊！

这些半甜半咸的湖是怎么生成的？

原来它们都是深藏在大陆腹心的内陆湖。降水很少，气候非常干燥。有水流补充的一边，湖水还是甜的。另一边在强烈蒸发作用影响下，水分不断蒸发，盐分越来越多，就逐渐成咸水了。

西藏阿里地区班公湖的斑头雁

第二十三章

可怕又可爱的沼泽

看过苏联影片《这里的黎明静悄悄》的人们，都应该记得，一个孤零零的年轻女兵，穿过密林中的沼泽，一不小心陷进了泥潭没法脱身，眼看着绝望的她一点点沉下去的镜头。这不幸牺牲的悲惨画面，震撼了许许多多人的心灵。

战争，多么残酷！沼泽，多么无情！可怕的沼泽简直就像是一只冷血动物，一下子就吞噬了一个活生生的生命。

听说过红军长征过草地的故事吗？

四川西北部的松潘草原也有许多沼泽。红军长征的时候，一些红军战士就牺牲在那里。

是的，沼泽就是一只险恶的老虎。看起来平坦坦的，似乎没有什么，然而一旦冒冒失失地走进去，就像是闯进了迷魂阵，到处都潜藏着死亡的威胁。

是啊！沼泽就是这样。人一旦“陷入泥潭”，不仅非常狼狈，弄不好还有性命之忧，可怕极了。

沼泽真的那么恐怖，没有一丝温情、一丁点儿用处吗？那也不见得！

信不信由你，沼泽也会呈现旖旎的风景和温情脉脉的一面，很是令人向往。

不信吗？有诗为证。

《古诗十九首》中，有一首就含着温情描述了沼泽：

涉江采芙蓉，
兰泽多芳草。
采之欲遗谁？
所思在远道。

这首诗讲的是一个姑娘在沼泽里采摘芙蓉花，送给远方的恋人。看一看，感情多么诚挚，风光多么美丽啊！

让我们再看古老的《诗经》里《采蘩》中的一段吧：

于以采蘩？
于沼于沚。
于以用之？
公侯之事。

诗中的“蘩”是一种叫白蒿的水生植物，生长在池塘和沼泽里，叶子如同鲜嫩的艾叶，根和茎可以吃。

这首诗里的“事”字，说的就是祭祀。

这首诗翻译为白话是这样的：

在哪儿采集蘩草？
在沼泽里，在河心的小沙洲上。
这有什么用处？
主人要用来祭祀。

看吧，沼泽里的产物，难道没有用处吗？

沼泽有危险，但也有用处。认真说起来，它有益的一面比有害的一面多得多。沼泽的危险是因为人们自己不小心。马路上还有危险，飞机、轮船也失事过，能不能就不要过马路、不开汽车，

也不乘坐飞机和轮船了呢？

那当然不可以。

话说到这儿，好奇的小读者还会问：“说了老半天沼泽，这个沼泽到底是什么东西？”

去翻字典吧。

字典上对“沼”和“泽”的解释，统统是水池子的意思，不过一个小些，一个大些而已。小的可以叫池塘，大的能够算是湖泊，不过等级差异而已。

一个小、一个大，这两个字拼凑在一起，还不是一回事吗？

不，咱们的中华文明无比深奥，方块字具有无限的魔力。两个意思相同，看着不同的字，一旦组合在一起，就演变成另一种东西了。沼泽到底是怎么回事儿，看来还得请教专门研究它的科学家。

科学家说，这是一种过度潮湿的湿地。

科学家说得太文绉绉，比数学公式还难理解。

潮湿就是潮湿嘛，怎么才算是“过度”潮湿？

这“过度”两个字怎么解释？

说得直白些，所谓的“过度潮湿”，就是水分实在太多了。这里的泥土和杂草，几乎都像是浸泡在水里似的。就是由于水太多，才潜藏着十分危险的陷阱，吞噬粗心大意的过路人和野兽。也因为水分太多，沼泽里生长了许许多多有用的水生植物。我们在前面引用的《古诗十九首》中的芳草和鲜花，《诗经》里的蘩草，就是其中的几种。不用说，这里也是许许多多野生动物，特别是水生动物的生存区域。什么鱼啊，龟啊，水蛇、水鸟，以及灵巧的野鹿、野兔什么的，动物可多了！在一些热带和亚热带的沼泽里，例如美国东南部的佛罗里达州的一些沼泽，甚至还藏着巨大的水蟒和鳄鱼呢！

让我们再进一步解释沼泽到底是什么样的吧！

它就是低洼积水、杂草丛生，大片大片浸透了水的湿地。

请你仔细品味一下“浸”和“透”这两个字的含义，就能真正懂得沼泽的意思了。

呵呵，深沉的字义，也就是方块字特有的奇妙，得好好推敲。

啊，沼泽！啊，湿地！它不仅非常美丽，是令人流连忘返的风景点，以及珍稀野生动植物资源的保护区，还储藏了丰富的水资源，具有特殊的蓄水保水作用。它还能够调节河流、湖泊的水量，补充旱季供水，阻碍洪水泛滥，简直就是一个个神奇的天然“水库”，大地珍贵的绿色“水肺”。同时，它还能够调节气候，促进农、林、牧业生产，有利人体健康呢！好处简直说不完。

沼泽里的资源

沼泽里还有什么有用的资源？

那可多了。

这里有造纸的芦苇，优良的牧草，还有许多稀罕的药用和其他特殊用途的野生植物。

特别值得一提的是，这里还蕴藏着丰富的泥炭资源。沼泽本身就是一种特殊的“生物矿床”。

因为沼泽中的植物丰富，水源充足，地点隐蔽，贪婪的猎人和大型猛兽都难以接近，所以就成为丹顶鹤、黑颈鹤、天鹅等许多珍贵候鸟的栖息场所。

中国是“沼泽大国”，东北的三江平原、大小兴安岭、长白山，西南的青藏高原，华中的江汉平原，以及其他许多地方，到处都散布着大大小小的沼泽，总面积达到 11 万多平方千米。要不，古诗中怎么会有那么多吟咏沼泽的诗篇，今天一些大城市周围怎么会开辟这样多的湿地公园呢！

小卡片

遇沼泽如何逃生

沼泽是可怕的杀手。如果不小心陷进了沼泽泥潭，该怎么办呢？

有经验的地质队员告诉我们，这时候最最重要的，就是不要慌。千万不要胡乱挣扎，越乱踢、乱抓、乱挣扎，就会陷得越深，很快就成为沼泽的牺牲品。

如果孤身一人，周围没有人帮助，就赶快镇静下来，迅速观察四周有没有什么东西，例如树枝、木桩之类的东西，可以紧紧抓住。如果没有抓握的东西，可以平趴在泥潭上，增加身体和沼泽的接触面积。从泥潭里轻轻拉出一只手，再拽出另一只手和两只脚。这得要很长很长的时间。再小心翼翼匍匐爬行，像蜗牛一样慢慢离开可怕的泥潭。

第二十四章

速度比不过乌龟的冰川

冰川、冰川，高山山谷里的冰川。

冰川、冰川，亮晶晶的冰块打造的一条“川”。

冰川、冰川，这个名字多么熟悉，耳熟得几乎就像胡同里老奶奶叫卖的冰棍儿一样平常了。

是啊！除了科学家、探险家，一些旅行社也在大做冰川旅游宣传。远的阿尔卑斯不说，近的天山、贡嘎山，都在大登广告，吆喝招揽游客。

夏天城市火炉里的游客，请来亲近冰川。冰川山顶上铺满积雪，山谷里一条银光灿亮的冰川，它就是一个天然大冰箱，在这里避暑再好不过了。

冰川、冰川，这个听着非常熟悉的词，到底是什么？

翻开字典查看：“川者，河也。”所以冰川又叫冰河。内行叫冰川，外行叫冰河。不管冰川或冰河，统统是一回事。

如果没有到现场目睹它的真容，没准儿有人会以为是冬去春来，结冰的河面融化了，满河漂浮的冰块相互碰撞得叮当响吧？

祁连山的八一冰川

可能也有咬文嚼字的人，纠缠着其中一个“川”字，联想起成语“川流不息”。总觉得它和河流一个样，也是不停流动呢。

不是。冰川尽管带着一个“川”字，却不像河水那样哗啦哗啦流个不停。

学习过物理学的人，或许还会从另一个角度提问：冰是冰，川是川，一个是固体，一个是流体，冰怎么能成为“川”，怎么能够和河流相提并论呢？

游客们千奇百怪的疑问是可以理解的。俗话说，隔行如隔山。面对着陌生的冰川，冒出什么疑问都是无可厚非的。

关于冰川的问题很多，有些问题放在此套书的其他册里再慢慢讲。现在我们就以它和河流相比，说一说它是怎么运动的吧！

皑皑雪山，怎么会生成一条条长长的冰河？

没有滚滚的波涛，冰川怎么会流动？

这是大自然的秘密。

在高高的冰山上，整年雪花飘飘，落在地上越堆越多，积累了许多疏松的新雪。新雪一片片重叠在一起，可以产生重结晶作用，合并成较大的雪花晶粒，叫作“粒雪”。

粒雪的密度比从空中刚飘下来的雪花大得多。厚厚的粒雪层，会产生巨大的压力，把底部的雪压缩成亮晶晶的冰块。这就是制造冰川的原料“冰川冰”。

冰川冰的密度更大，在本身的重力作用下，会顺着斜坡缓缓向下滑动，就形成银色的冰川了。

有的地方冰川运动也很快。在喜马拉雅山南坡的西藏察隅县，有一条阿扎冰川，一直流到山下很远的森林里。因为当地气温比山上高得多，所以它的冰面很容易融化，运动得就很快了。根据实测，它在夏天平均每天前进 1.4 米，即使不能算是“全国冠军”，也绝对可以名列前茅了。

世界上还有一些地方的冰川移动得也很快。例如格陵兰的一些冰川，每天的运动距离为 10 ~ 40 米，完全有资格争夺“世界冠军”。

流体的河水是“流”，固体的冰川可是慢慢往前“挪”。好像一个什么东西没有放稳，顺着斜坡整体慢慢滑动似的。

冰川运动依靠的是本身的重力作用，推动着冰山在山谷里缓慢移动。

对冰川运动来说，除了它本身的重力，与温度也有很大的关系。冰川在夏天就比冬天运动得快些。天山和祁连山的冰川，夏天的运动速度比冬天快 0.5 倍。

让我们来仔细分析一下它的温度情况。什么地方“热”一些，什么地方“冷”一些？

初来的游客没准儿不明白了。冰就是冰，还有什么冷热不均匀吗？

那当然有啊！拿在手里的冰棍儿，表面接触空气的和接触吃冰棍人的舌头的，就会首先融化。明白了这个道理就好办，就知道暴露在阳光下的冰川表面接受热量多些，就容易融化了。

冰棍儿是从表面逐渐向里融化的。最里面靠近“棍儿”的那一部分，总是最后融化。冰川就不一样了。冰川底部的热量也不小，也会首先融化。

这是怎么回事？藏在底部完全不见阳光的冰，怎么也能得到热量，比别的部分容易融化？

这是它和谷底摩擦造成的！钻木取火的原始人，也懂得摩擦能够生热的原理。冰川在缓慢移动中，底部的冰不断和谷底的岩石摩擦，不生热才怪。这样摩擦的结果，就是冰川下面会慢慢融化，从而生成一条特殊的“暗河”，好像石灰岩溶洞里的暗河一样，静悄悄地往前涌动。

想一想，一条神秘的冰下“暗河”不声不响地在雄伟冰川下面幽深的冰洞里流着，水凉冰冰的，四周是玻璃一样透明的洞壁，这简直就像是童话世界，多么神奇啊！

河流有洪水期和枯水期。夏天洪水滔滔，水势汹涌。冰川也一样，夏天也比冬天运动得快些。道理非常简单，夏天更热，融化得更快，冰川本身当然也就运动得更快了。以天山和祁连山来说，在冬夏，一些冰川的移动速度就会相差一半左右。

贡嘎雪山的日落

请注意，我说的是“移动”，而不是“运动”。后者听着似乎能够看见它动的过程，前者只是听着就会觉得慢了很多。

冰川运动的速度比蜗牛慢，比乌龟慢，比我们所知道的一切运动的物体都慢，慢得根本就不能用肉眼观察到，不能用常规的时、分、秒来计算，而是以年、月、日作为计算单位。科学家观察冰川运动，得插上标杆或者做好特殊标记，年复一年地使用精密仪器定位测量，才能观测出它的活动情况，得到确凿的数据。

冰川的运动和它的自重有关，是在自身重量驱使下，再加上地形坡度，缓慢向前移动的。一般的山谷冰川厚度小，最大的山谷冰川每昼夜的移动距离也不过 0.2 ~ 0.4 米。其中一些特别大的冰川，例如祁连山西段的一条还算是非常“快速”的冰川，它的末端每昼夜仅仅向前移动 1.3 厘米，游客怎么能发现它的运动呢?

南极大陆的大陆冰川就不一样了。由于厚度大，自重特别大，

有的地方冰川的速度可以达到每昼夜 20 多米，甚至创造了每昼夜 38 米的纪录。

游历过冰川的游客，如果过了很久再来，没准儿会惊奇得张开嘴巴。这是怎么回事儿？这里的冰川怎么没有前进，反而后退了？难道它有特异功能，除了往前进，还能向后退吗？

对！冰川真的会后退。你看，长江源头的冰川后退了，阿尔卑斯的冰川也大大后退了。

这是怎么回事儿？难道太阳从西边出来，冰川也能倒流了吗？

当然不是的。这不是什么“流”不“流”的问题，而是融化的结果。

冰川、冰川，就是一块冰。不过它是一根巨大无比的冰棍儿。冰棍儿离了冰箱会融化，冰川也是一样的。

世界上任何冰川，都可以划分出补给区和消融区。寒冷的雪线以上，降雪量大于损耗量，是冰川的补给区。雪线以下损耗量大于降雪量，就是消融区了。我们在山中看见的大多是雪线以下的冰川。虽然由于消融和蒸发，冰川有一些“减肥”，但是在不算太热的情况下，上游源源不断补给，冰川依旧可以保持原有的状态。补给量多，还能以慢于乌龟和蜗牛的速度缓慢前进。可是随着气候环境逐渐变暖，冰面和前缘的冰舌迅速融化，整个冰川体就会大大减轻体重，冰舌不断后退。

目前随着全球性气候变暖，世界上许多地方的冰川都在不断退缩，我国的许多高山冰川也普遍后退。以天山的木扎尔特冰川来说，50 年间就后退了 750 米，平均每年后退 15 米，这可不是什么好事情。

想一想，高山上的冰川面积不断缩小，依靠冰雪融化水维持生命的绿洲怎么办?

想一想，依靠高山冰川调节气候的周围干燥区怎么办?

想一想，那儿的野生动植物怎么办?

不敢再接着想下去了。

大陆冰川和山岳冰川

根据所在的位置，冰川可以分为大陆冰川、山岳冰川两大主要类型。大陆冰川分布在南北极地区，山岳冰川分布在高山和高原地带。

我国境内的山岳冰川面积大约有 1 万平方千米。

南极大陆的冰盖平均厚度有 2500 米，最厚的地方达到 4800 米。即便把峨眉山再加上一座泰山放下去，也会被冰冻在里面，连山尖也冒不出来呢。

第四纪冰期时代，冰川分布范围比现在大得多。巨大的北美大冰盖掩盖了整个格陵兰、阿拉斯加、加拿大，以及包括五大湖地区的广阔美国北部的一些地方。北欧大冰盖一直伸展到西欧、中欧和东欧的许多地区。前锋到达中欧的中部，几乎和从阿尔卑斯山脉伸展下来的山岳冰川连接在了一起，中间只留下非常狭窄的地带。

其中，中更新世的里斯冰期阶段，世界大洋海面比现在的海面低 90 ~ 105 米。晚更新世的玉木冰期阶段，比现在的海面低 70 ~ 75 米。

那可到处是一片银光灿烂啊！

小卡片（二）

世界上冰川的储量

现在世界上的冰川覆盖面积大约 1550 万平方千米，占陆地总面积的 10%左右，总体积大约有 2600 万立方千米。现代冰川的水量大约占全世界淡水的 85%，如果全部融化，就会使世界大洋海面上升 66 米。沿海平原和许多大城市都会被淹没。想一想，这会淹没多少地方？

冰川冰是最纯净的淡水，也是世界上唯一没有被污染的水，可要好好爱护它。

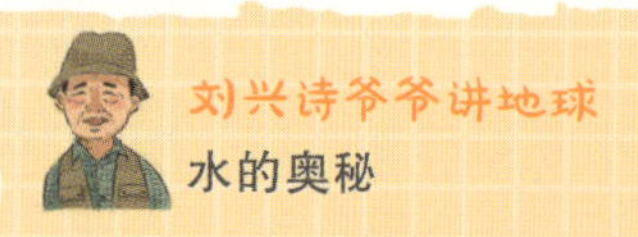

银色的“空中水库”

银色的冰川是空中的“固体水库”。让我们用一条普通的冰川来说明吧！我国的祁连山脉的现代冰川储量，大约有1470亿立方米。这个山脉最西头的野马山的老虎沟内，有多条长长短短的冰川。其中第20号冰川，有10.8千米长。冰川高高悬挂在山上，像是一个悬挂在空中的银色水库。山脚就是一片干旱的荒原，年降水还不到100毫米，需要引水浇灌。附近的城镇、工矿，也需要大量水供应。

怎么把冰川变成水呢？办法非常简单。不用人工加热。只需要在冰面上撒一层黑色的炭渣粉末就行了。黑粉容易吸热，使冰面加速融化，并流出清洁的水流。根据计算，每撒一次黑粉，这条冰川可以出水600万立方米，每年出水1亿立方米。如果以每亩灌溉500立方米计算，可以使20万亩农田受益。

请注意，这条小小的冰川，只是祁连山脉里的3000多条冰川中的一条。祁连山脉中不知储存了多少这样的固体水资源，如果把它们都开发利用起来，该有多少水啊！

可是科学家却摇头说：“不行！绝对不能这样办。”

因为山上的冰川是漫长的第四纪期间逐渐积存的，生成很不容易，一下子融化完了怎么办？山上没有冰雪覆盖，会使整个地区的气候变得更加恶劣，造成不良的影响。

节约用水，保护环境，注意维持冰与水的平衡，是必须遵守的重要原则。

一次“冰川爆发”

别看冰川平时爬行得很慢，可有的时候，它也会突然动起来。

1937年，住在美国阿拉斯加冰川附近的一户人家，接连好几天都听见冰川发出奇怪的响声，好像有许多坦克正一路轰鸣地开过来似的，震动得大地微微颤抖，窗子咯咯直响。用望远镜一看，原来冰川破裂了，像推土机一样推着许多破碎的冰块，加速向他们的房子和附近的一条公路冲来。冰川一天的最大运动距离达到60米，破了当时的“世界纪录”。多亏它在房子前面停住了，这一家人才长长舒了一口气。

为什么冰川会突然加快前进的步伐，产生这种令人心惊胆战的“冰川爆发”现象呢？

可能是上游的冰堆得太多了，一下子坠落下来，猛地“推”了一把；也可能是在地形陡峭的地方，冰川断裂造成的后果；还可能是冰下有许多水，像抹了润滑剂似的，使冰川一下子滑了下来。

除了特殊的“冰川爆发”现象外，当冰川遇到障碍物的时候，还能慢慢翻越过来，这叫作“反冲作用”。而且它流过一道陡坎的时候，还会破裂下坠，生成一道道冰瀑布。河水虽然流得比冰川快，但怎么能有这样的“绝技”呢？

第二十五章

尊重自然、爱护自然

河湖，是有生命的。山林，也有生命。

请你牢牢记住，天地之间任何自然体都有生命。

这样说，也许有人不理解。河流、湖泊、森林不是人，也不是猴子、仙鹤、大树，怎么会有生命呢？

它们不会说话，不会吃饭，也不会一天天成长，不会生病，怎么会有生命呢？

不。它们真的是有生命的。

谁说它们不会说话？

只不过那默默无声的话语，粗心的人听不见，也弄不懂。

谁说河湖、山林不会生病？

只不过粗心的人不明白。它们的病，正是自以为是“万物之灵”的人类造成的。

古时候，人们说，河有河神、湖有湖神、山有山神、林有林神，各自性格不一样。虽然这是迷信，可也多多少少包含了一些朴素的真理，即承认了自然体有生命，应该尊重自然。

请你牢牢记住：尊重自然，顺应自然，这才是对待大自然的正确态度。人们从自身的利益出发，需要改造自然，这没有什么好说的。可是改造必须在尊重和顺应自然的基础上，不能随便乱来。如果不是与大自然相互协调，而是和大自然蛮干，对着干，就没有不出乱子的。

让我们听一下老祖宗说过些什么吧。

老子说："人法地，地法天，天法道，道法自然。"

不管人也好、地也好、天也好，要想运行发展，一切、一切，都归于自然、顺于自然。

庄子说："天道运而无所积，故万物成。"

天道，就是客观的自然规律。只有自然规律顺利运行，万物才能生成。

庄子又说："夫明白于天地之德者，此之谓大本大宗，与天和者也；所以均调天下，与人和者也。与人和者，谓之人乐；与天和者，谓之天乐。"

只有明白天地规律的，才算是大本大宗，与天相和。只有与人相和，才能算是"人乐"。只有与天相和，才能算是"天乐"。

孔老夫子说："天何言哉？四时行焉，百物生焉，天何言哉？"

别看沉默的大自然不说一句话，四季周而复始运行，万物蓬勃生长，总在不停演变。天啊天，就看我们是不是真正理解大自然了。

是啊！老祖宗说得都不错。我们应该怎么理解这些话呢？老祖宗的教训要记在心间，不要违背大自然的规律才好。

话说了这么多，这里要说的是大自然的治理，是不是有些跑题了？

不，这没有跑题。人们常说，务实要先务虚。干什么事情，得先通一通思想。

老子《道德经》里有一段话："将欲歙之，必固张之；将欲弱之，必固强之；将欲废之，必固举之；将欲夺之，必固与之。"后来人们把这段话简化为"将欲取之，必先予之"。意思是说，如果要取它，必须先给予它，才能维持平衡，才能够持久地良性发展。

你以为自然界里的一条河，就像是拧开自来水龙头，稀里哗啦放出来的一股水，随随便便流吗？你以为湖泊就是一汪水，森林就是一堆木头吗？

用前面这段话来看森林开发的问题，再清楚不过了。森林是可以利用的资源，适当砍伐没有什么不对，可是不能超越一个"度"。

怎么才算是适当，才算是不过度呢？就是必须遵循林木的自然规律，可以处理不良的病树、部分没有用的老树，以及过于密集、不利于群体生长的其他树丛。积极保护培育幼苗幼树，慎重维持森林面积，使森林成为可以永远循环利用的资源。可是有的人却不管三七二十一，抡起斧头就乱砍滥伐，好像剃光头似的，把森林一片片砍得精光。愚蠢的人们得到暂时的利益，却失去了永恒的保障。巴西和东南亚一些地方，对珍贵的热带原始森林大片大片地破坏，就是一个例子。原本郁郁葱葱的大森林，一下子变得光秃秃的，叫人好心痛。你说，最后吃亏的是谁?

湖泊的命运也一样，中亚的咸海就是最突出的例子。

我在访问中亚的时候，当地科学工作者告诉我，以咸海来说，原本是一个波光渺渺的大湖，调节区域气候，浸润周围土地，自古以来就是当地的一颗明珠，名副其实的生命之母。可是后来为了发展棉花种植，大量引用阿姆河、锡尔河河水，开发沿途沙漠旱地，加上工业、民用水急剧增加，流进湖的河水越来越少了，打破了水量收支平衡。在强烈蒸发作用下，咸海一天天变浅变小，终于奄奄一息，几乎快要消失了。到现场一看，果然是这个样子，让人触目惊心。

洞庭湖的萎缩，也是一个例子。

谁都知道，它原来是古云梦泽的一部分，我国第一大淡水湖。想不到不知从什么时候开始，它已经在悄悄缩小。在淡水湖泊排行榜上失去了“湖老大”的地位，委委屈屈排在鄱阳湖的后面。更令人担忧的是，它还在不断萎缩，已经分解为东、西两部分，变得又小又浅了。许多地方再也不是湖水一片，枯水季节简直成了可怜的一线。东洞庭湖平均水深只有0. 26米，许多地方几乎可以踩着水走过去，使人感到好心痛。

昔日烟波浩渺的“八百里洞庭”为什么会变成这个样子?

洞庭湖风光

有两个重要原因。

泥沙淤塞是祸首。

这不仅是洞庭湖本身的泥沙淤塞问题，还有和洞庭湖相连的长江，以及流进湖的湘江等其他几条河流上游有关。乱砍滥伐、破坏森林现象越来越严重，引起水土流失，冲来大量泥沙，给洞庭湖带来可怕灾难的问题。

围湖造田，是第二个原因。

奄奄一息的洞庭湖已经被糟蹋成这个样子，无知的人们还不放过它。人们在许多地方盲目地围湖造田，还扬扬得意呢。

请这些人好好想一下，失去了长江中游这个最主要的“水流调节器”，以及整个地区生态环境最有活力的“绿肺”和难以估量的灌溉、航运的便利、丰富的水产，只为了增加一丁点儿粮食，值得吗？

这笔生态细账，应该好好计算清楚。

好在现在人们终于明白了，开始严格限制这些不合理的做法。

人们一面积极保护流域内的森林，制止乱砍滥伐，实行退耕还林；一面制止围湖造田，实行退田还湖。这就很好嘛！有了这样喜人的政策，洞庭湖必将逐渐恢复“青春”。虽然不能一下子又烟波八百里，但只要朝着一个良性的方向发展就好！

再说河流吧。你以为河流弯弯曲曲往前流，这儿一个河湾，那儿一个沙滩，都是随便生成，随便改变的吗？

你以为一条条大河水流千里万里，一切都是偶然形成，没有一丁点儿规律吗？

那才想错了！

一条河的生命，有着几万、几十万，甚至上百万年的历史，是在没有人为因素干扰下自然形成的。所有的形态和运行都有一定的道理，符合一定的规律。这就好像是编好的电脑程序，不能随便改动。河形宽窄直曲，水深水浅，水流急速缓慢，泥沙浮沉，卵石运转，都编进了一定的程序里。哪怕改动一下，都要慎之又慎。

从人们的自身利益出发，打算改造天地，这是完全可以理解的。只是必须通盘考虑，顺应大自然，而不是违背大自然的规律。

以长江来说吧。航运、灌溉以及其他涉及人们生活的方方面面，过去得到的分数基本上都是满分，很少闹什么大乱子。这因为整条河流的态势都协调得很好，上游和下游从来没有问题。中游的江汉平原，虽然由于地势低洼，免不了会有一些洪水泛滥，但是有洞庭湖、鄱阳湖两个巨大的天然“调节器”保障，做到了水流进出平衡，不会出什么大乱子。这就是因为经过了千百万年调节

的万里长江优越的“电脑程序”，它可以保障持续良性运转。一旦被人为急速改变，打破了水流、泥沙的平衡，就有可能冒出一些新问题了，所以必须认真考虑，否则牵一发动全身，影响就大了。

河床不能随便挖沙。

有些不法分子为了自身利益，不顾政府三令五申，随意在河床中挖沙，甚至非法采集砂金矿牟利，改变了河床水流态势，造成了人为灾害，必须严格禁止。

河流也不能随意腰斩。截断水流，兴建水利设施是可以的，但是必须审时度势，百倍小心才好。

从20世纪40年代开始，有一些美国专家和苏联专家到中国来，不了解中国的实际情况，见到一个个从来也没有见过的大峡谷，就激动得大声叫着要截断河流，修建大型水利工程。他们不明白中国和美国、苏联不一样，没有从中国的实际情况出发，有一些主观臆断。

美国是什么样？西边一条落基山脉，东边一条阿巴拉契亚山脉，中间一条密西西比河。统统是从北向南，好像“川”字形平行排列。密西西比河空有丰富的水能，却没有一个大峡谷，没法选择一个像样的坝址。只能在小小的田纳西河上，修建一个水电站，叫作TVA（Tennessee Valley

Authority，即田纳西河流域管理局）。美国专家就想在中国也搞一个 TVA。

苏联一片大平原，压根儿就没有什么高山和峡谷，只能在古比雪夫地方，勉强修一个水电站，就算最大的了。

小学课本也提到，中国从西到东有三大地形阶梯。从高高的“世界屋脊”青藏高原下来，一步步直到东海边，山脉和高原是东北、南西向排列的。大大小小的河流几乎统统一江春水向东流。山河不是平行，而是直交。一条条河流横切过一级级地形阶梯，几乎到处都有雄伟幽深的峡谷。特别是在西部高原和万山丛林中最多，可以截流筑坝的地方实在太多了。仅仅在长江上游的金沙江、雅砻江、大渡河的三江地带，蕴藏的水能就有大三峡的两倍半。再加上人口稀少，历史文化遗迹少，没有大规模移民拆迁、鱼类洄游等许多问题，在这里截流建坝也很好。

黄河呢？兰州上下游的峡谷地带，也修建起了许多大型水电站，效果很好。中下游地方，由于黄土高原水土流失还没有完全控制，大量泥沙将会造成淤积堵塞的问题。水利学家黄万里主张最好缓建，或者在大坝下面开一些排沙闸孔。

过去的，就过去吧。让我们放眼未来，结合实际，更好地治理我们的江河湖海。

后 记

常言道，书到用时方恨少。我觉得似乎还应该加一句，书到用时方知真。

从前在学生时代读老子的《道德经》，其中有一句话说："上善若水。"紧接着又有一句："天下莫柔弱于水，而攻坚强者莫之能胜。"

读完这两句话可知，水，看似柔弱，想不到却有这么大的能耐，让人不得不承认"柔能克刚"的道理。

王国维先生在《人间词话》里评述诗词的境界，有"隔"与"不隔"的差别。我觉得把这用在认识和学习上，也很有道理。书斋里读书，凭着自己的想象，多少有一些隔阂。等到自己成为真正的地质工作者，走进广阔的大自然，和实际相接触，结合所见所闻，再回头细细咀嚼书中的这两句话，才感受到另一番深沉的含意，不得不佩服前人的真知灼见。

水啊水，真了不起！

人们说什么"山不转水转"，似乎水只能俯伏在山的脚下毫无作为。可是还应该知道“水滴石穿”这句话吧。我们走进山野，目睹一条条江河，好像快刀切豆腐似的，毫不客气地把一座座拦路的大山切开的壮观场景。不管什么坚硬的岩石，统统被水切蚀为深邃的峡谷，成为自己的通道。尽管细微处跟随山势弯转，但前进的大势却永远不变。滚滚滔滔一江春水向东流，岂是几排山、几座岭可以阻挡的？回头再看山与水的关系，大处和细处之分顿时明白。何者看似强，其实是弱；何者看似弱，其实是强，就清清楚楚了。

作为一个“跑江湖”的地质工作者，我每天都接触水。

我有许多江上的、湖上的，沼泽水浸泡，瀑布水迎头浇洗的回忆，也有一些地球这边、那边的海上记忆。东南西北，深深浅浅地混杂在一起，脑海里慢慢积压多了，这才明白自古世间流行的“江湖”二字，有多么沉甸甸，到底包含着什么广博深沉的含义。

那是人与人、人与自然之间惺惺相惜的情感吧！辛弃疾说：“我看青山多妩媚，料青山见我应如是。情与貌，略相似。”是否也就是这样江湖情结的别样解释？

难忘江湖，难忘江湖。一个个走南闯北的地质汉子，也是江湖中人嘛。试问古来剑客侠士，一生浪荡江湖者，又有多少江湖经历，能胜过今日手提地质锤、腰挂罗盘、背负沉重的地质背囊，高歌猛进踏遍山山水水，远走天涯海角，无怨无悔的地质队员。

我难忘长江、黄河的悠长，难忘洞庭、鄱阳的浩瀚，难忘地下暗河的神秘幽深，沙漠湖泊的奇幻荒诞，难忘无数次溜索与渡过索桥时的汹涌咆哮的急流，难忘那些曾经千百遍涉水踏过的数不清的山间无名溪流。黄河沙、长江泥，厚厚沉淀在心间。也难忘湄公河的绚丽落日，北冰洋上漂浮的晶亮冰山，印度洋畔特有的莫名慵懒，美丽莱梦湖诗样的宁静。一篇童话《莱梦湖上的迷雾》，就是这样在古堡、天鹅和浮云、绿波之间，自然而然流出笔尖的。

我出生、成长在长江边，算是“江水泡大”的孩子。在以后的工作中，许多环节也离不开水。所以有一些江河湖海的经历，对水也有一点浅薄的认识。

我在北京大学工作期间，曾经是讲授陆地水文学的刘心务教授的助手，跟随他进行系统理论研究和野外考察。在成都地质学院工作期间，长期与水文地质、工程地质系配合，结合该专业讲授有关课程，带领学生野外教学与生产实习，参加相关科研项目。在特殊时期，连续几年编入“水文连队”，常年夜以继日参加野外工作，也曾先后带领解放军工程兵的水文地质部队的数个连队，穿山越岭、踏水履波，进行相关理论培训和野外普查工作。从过去教学、科研、生产中，多多少少积累了一点“水”的经验。这本书有不足之处，希望多多批评。谢谢！

刘兴诗

2017 年，86 岁于成都理工大学